JN006164

今さら聞けない

IT・セキュリティ必須知識

クイズでわかるトラブル事例

株式会社日立ソリューションズ
扇 健一・辻 敦司［著］

技術評論社

はじめに

家庭にも仕事にも欠かせなくなったPCですが、読者のみなさんも、一度はトラブルに見舞われたことがあるのではないでしょうか。よくあるトラブルとしては、PCが起動しなくなったとか、画面によくわからないメッセージが現れたとか、インターネットにつながらなくなったとか、いろいろあるでしょう。

このようなとき、みなさんは、家庭であれば近くのPCショップ、仕事であれば情報システム担当者に頼っているのではないでしょうか。お金や時間、手間を気にしなければ、PCショップや情報システム担当者にお願いして、解決すればよいでしょう。しかし、トラブルのたびにPCショップや情報システム担当者に対応を依頼するのは非効率です。会社で使用しているPCの場合は、修理を依頼している間、自身の仕事の生産性が落ちるだけでなく、情報システム担当者にとっては都度の対応が負担になってしまいます。また、トラブルも機器故障が原因のものだけでなく、セキュリティの問題もあるかもしれません。セキュリティの問題である場合、トラブルによる影響は個人に留まらず、業務、さらには会社の事業全体に影響を及ぼしてしまう可能性があります。ちなみに、ここでいうセキュリティとは、金庫や家の鍵のような物理的なセキュリティではなく個人情報などの「情報」に関するセキュリティ（情報セキュリティ）です。マルウェアなどのサイバー攻撃や情報の不正持ち出しなどが該当します。

セキュリティの問題によるトラブルは、急いで対処しなければ、社内にマルウェアが拡散したり、身代金を要求するランサムウェア（情報を暗号化または窃取し脅迫を行うマルウェア）によって金銭的被害が生じたりします。また、情報が漏えいした場合には、お客さまや取引先に多大な迷惑をかけることになります。

セキュリティの問題で業務停止や金銭的被害、信用失墜に陥らないためにも、みなさんに基本的なIT関連の知識を身に着けていただき、安全にITを活用していただきたいと考えています。そうすれば、時間のかかる業務を短時間で終わらせることができ、また、トラブル発生時にも迅速に対応できるようになります。このように、さまざまなことを効率化することで、ワークライフバランスの充実はもちろん、会社の成長にもつなげることができるのではないでしょうか。

本書はよくあるトラブルの切り分け方から情報セキュリティに関する注意事項まで、家庭でも仕事でも役立つ、基本的な内容になっていますので、気軽に読み進めてください。

目次

第1章

PCの身近なトラブルと対処法

1.1 PCがうまく動かない担当者に丸投げする前にできること

それでは、業務を行ううえで、皆さんがよく遭遇するPC周りのトラブルを見ていきましょう。トラブルはハードウェアの問題、ソフトウェアの問題、ネットワークの問題、情報セキュリティの問題と大きく4つに分けられます。そのうち情報セキュリティの問題については、第2章以降で、もう少し詳しく、皆さんの身近な課題を交えて説明しています。トラブルごとに、考えられる原因や確認してほしいことも書いていますので、ぜひ、ITスキルの向上に役立ててください。

クイズ　PCのトラブルの原因

ある朝、PCの電源ボタンを押してもいつものような画面が映りませんでした。原因として考えられるのはどのような点でしょうか？

解答

原因として考えられるのは以下のような点です。

- 電源が入っていない
- PCは動いていてもモニターが故障している
- PCの部品が故障している

それぞれの点について、具体的な内容はこれから見ていくことにしましょう。

PCが起動しない

いつものようにPCの電源を入れたところ、「あれっ？」と思う経験をしたことがある人は多いでしょう。そんなとき、皆さん自身である程度の対処ができるよう確認手順を説明します。PCが起動しないと言っても、その状況はさまざまです。どのような状況で起動していないのかによって確認することが変わってきますので、まずは、状況を把握してみましょう。

PCの電源自体が入らない（電源ランプが点灯しない）場合は＜電源の不具合＞

を確認してください。また、それに関連して充電がうまくできておらず起動しない場合は＜充電の不具合＞を確認してください。PCの電源は入る（電源ランプが点灯する）が、モニターに何も映らない場合は＜モニターの不具合＞を確認してください。すべてを確認しても不具合が直らない場合は、HDD[*1]、SSD[*2]、ACアダプター、電源ケーブル、本体の電源部分、バッテリー、冷却ファン、CPU、基盤（マザーボード上）などさまざまな箇所での故障が考えられます。情報システム担当者に連絡し、原因の特定と修理を依頼しましょう。

電源の不具合

電源自体が入らない場合は、下記の原因が考えられます。

・電源が入らない
・電源が供給されていない

コンセントから電源ケーブルが抜けていないか、充電器からケーブルが抜けていないか、バッテリーが切れていないか確認しましょう。また、電源自体が供給されていない可能性もあります。ほかの機器をコンセントに挿したときに問題なく動作するか（電源が供給されているか）、スイッチ付き電源タップを利用している場合はその電源タップのスイッチがOFFになっていないか確認しましょう。

図 1-1　スイッチ付き電源タップ

*1　Hard Disk Drive。記憶装置の一種。
*2　Solid State Drive。HDDより高性能な記憶装置だが比較的高価。

充電の不具合

充電がうまくいっていない場合は、次の2点を確認してください。

(1) 充電器や充電ケーブルの不適合

純正の充電器や充電ケーブル以外を充電に利用している場合（例：USB充電など）、充電器や充電ケーブルのワット数（W）が不足している可能性があります。取扱説明書やインターネットで、そのPCの充電に必要なワット数を調べ、条件を満たす充電器や充電ケーブルを準備しましょう。ちなみに、PCに利用する充電器や充電ケーブルは、65Wや100W対応などが一般的で、スマートフォン用充電器ではなくPC用充電器として販売されています。

(2) バッテリーの設定が「高いパフォーマンス」設定になっている

- Windowsのタスクバーの右側にあるバッテリーのアイコンをクリックすると、電源モードの画面が開きます。
- 「より良いバッテリー」から「最も高いパフォーマンス」まで、消費電力を調整することができます。
- ここで「最も高いパフォーマンス」寄りになっている場合、バッテリーの消費が早くなり、充電が追いつかなくなります。

モニターの不具合

モニターが故障した場合、ノートPCとデスクトップPCで対処が異なります。

(1) ノートPCの場合

ノートPCの場合、PC本体とモニターの接触不良もしくはモニター故障だと考えられます。まずは、モニターを少し前後に動かしてみましょう。接触不良の場合、映る可能性があります。改善しない場合、該当PCをほかのPCで使用しているモニターに接続してみましょう。モニターにPCの画面が映れば、業務に必要なデータをほかのPCや外付けHDD、USBメモリーなどへコピーし、情報システム担当者に連絡し修理してもらいましょう。

図 1-2 ノート PC をモニターに接続

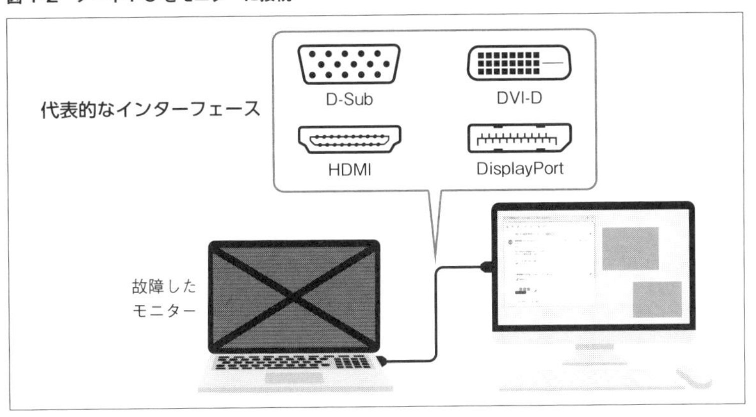

(2) デスクトップPCの場合

下記の4点を確認しましょう。

- モニターの電源スイッチがONになっているか確認しましょう。
- 電源が供給されていない可能性があります。ほかの機器をコンセントに挿してみて電源が供給されているか、延長コードである電源タップのスイッチがOFFになっていないか確認しましょう。
- コンセントから電源ケーブルが抜けていないか確認しましょう。
- デスクトップPCの本体を別のモニターにつないでみましょう。正常に映れば、PCではなくモニターの故障が考えられます。

1.2 PCが遅い、または止まる原因 ウイルスの可能性も？

昨日はサクサク動いたのに、今日はPCの動作が遅いと思った経験や、突然フリーズ（操作できなくなる現象）したり突然シャットダウンしたりした経験がないでしょうか。筆者もこれまで幾度となく経験したことがあります。その原因はさまざまです。いくつかのパターンに分けて確認していきましょう。マウス操作やキーボード操作に対し、PCが少し遅れて動作する、時々止まるなど、動きが遅いと感じる場合には＜PCの動きが遅い＞を確認してください。マウスやキーボードでPCが操作できなくなったり、突然シャットダウンしたりするような場合には＜PCのフリーズとシャットダウン＞を確認してください。

PCの動きが遅い

(1) OSのアップデート、ウイルスチェックなどによる負荷

最近のOSはアップデートが頻繁に行われます。アップデート実行中は、PCが遅くなる場合があります。しばらく待ちましょう。また、ウイルスチェックソフトウェアのスキャン中も、PCが遅くなる場合があります。特にフルスキャン（HDD、SSD上のすべてのファイルと実行中のプログラムをチェック）の場合、1時間以上PCが遅い状態が続く可能性があります。OSのアップデートやフルスキャンは、仕事に余裕がある時間帯に行いましょう。

(2) PCが古い

OSやOfficeソフトウェアなどはアップデートが行われるごとに進化し、ますますCPUやメモリーを必要とします。そのため、例えば5年前に購入したPCなど、PCの型が古い場合には、スペックが不足していることが考えられます。その場合は、情報システム担当者に相談しましょう。

(3) ハードウェアの劣化

SSDやHDDの劣化によりパフォーマンスが落ちる可能性があります。SSDの寿命は一般的に5年程度、HDDはもう少し短く4年程度と言われています。購入時期などから劣化が疑われる場合は、情報システム担当者に連絡し修理またはPCを交換してもらいましょう。

(4) メモリーが不足している

起動しているソフトウェアが多すぎる場合、メモリー不足に陥りパフォーマンスが落ちます。使用していないソフトウェアは「閉じる」メニューまたは「×」ボタンで終了させてください。

(5) マルウェア（ウイルス）の活動による負荷

マルウェアの活動の負荷によりパフォーマンスが落ちている可能性があります。代表的なマルウェアとしては、情報を盗むタイプやデータを暗号化するタイプ（ランサムウェア）があります。情報を盗むマルウェアの場合、大量のデータを一カ所にコピーして圧縮しC&Cサーバー（攻撃者が攻撃のために遠隔から指揮・命令を行うためのコマンド＆コントロールサーバーのことであり、C2サーバーとも呼ばれる）に送信します。このコピー作業や圧縮作業、送信作業により、PCのCPUやメモリーを占有しパフォーマンスを下げてしまうのです。ランサムウェアの場合は、PC上のデータを次から次に暗号化していきます。そのため、CPUやメモリーを占有しパフォーマンスを下げてしまいます。

また、PCがマルウェア（特にランサムウェア）に感染していると、自動的にPCが再起動されることがあります。再起動後、脅迫（身代金要求）画面の表示や脅迫メッセージが記載された壁紙への変更などが行われている可能性があります。

PCの負荷が高く操作が遅延するような状況で、(1)～(4) に該当しない場合はマルウェア感染の可能性がありますので、PCをネットワークから切り離し、そのままにして、情報システム担当者に連絡してください。ほかのPCを含め、会社にマルウェアが侵入していないか調査してもらいましょう。あわせて、「第2章　情報セキュリティ」も参照してください。

PCをネットワークから切り離す方法

有線LANの場合：

PCからLANケーブルを抜いてください。

Wi-Fi（無線LAN）の場合：

Windows 10の場合、デスクトップのタスクバーの右側のWi-Fi（無線LAN）アイコンをクリックし、「ネットワークとインターネットの設定」画面を開きます。そこで、左下の青いボタンをクリックしてWi-Fi（無線LAN）をOFFにしてください。

図 1-3　無線 Wi-Fi から PC を切り離す方法（Windows 10）

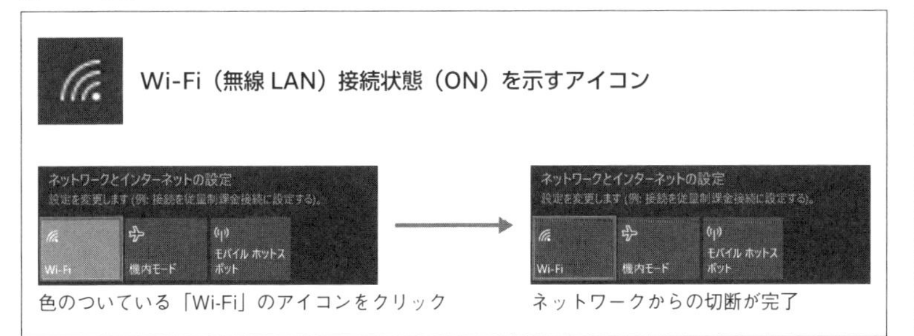

Windows 11の場合、デスクトップのタスクバーの右側のWi-Fi（無線LAN）アイコンをクリックし、Wi-FiやBluetooth、バッテリー、音声などをコントロールする画面を開きます。そこで、左側の青いボタンをクリックしてWi-Fi（無線LAN）をOFFにしてください。

図1-4　無線Wi-FiからPCを切り離す方法（Windows 11）

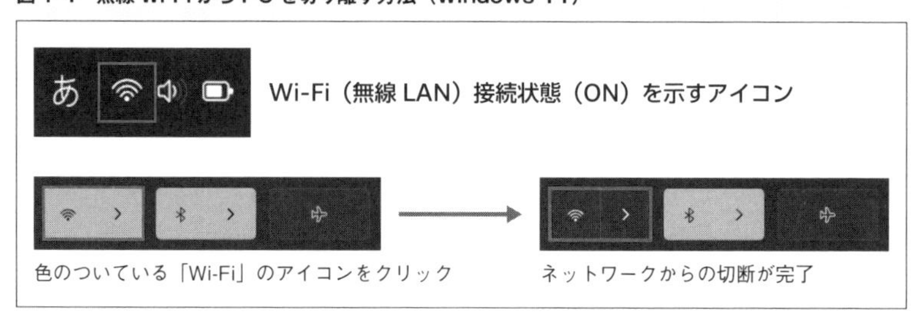

PCのフリーズとシャットダウン

ソフトウェアのフリーズとは、ソフトウェアを操作しようとしても操作できず、「閉じる」メニューや「×」ボタンを押しても反応しない状態を言います。

起動しているソフトウェアが多すぎると、メモリー不足に陥りソフトウェアがフリーズする場合があります。また、ソフトウェア自体の不具合によりフリーズすることもあります。「Ctrl + Alt + Del」でタスクマネージャー*3を起動し、①［プロセス］からフリーズしている［アプリ］を選択して②「タスクの終了」を行ってください。

ただし、「タスクの終了」を行うと、そのソフトウェアで処理途中のデータは失われてしまうため、自動保存機能がある場合は、有効にしておくことをお勧めします。利用しているソフトウェアでの自動保存機能を有効にする方法や、保存間隔の設定方法は、インターネットの情報を参考にしてください。

突然のフリーズやシャットダウンを経験したことがある人は少ないかもしれません。ただ、起こり得ることなので、いくつか説明しておきます。PCのフリーズとは、突然、キーボードもマウスも反応しなくなり、PCを操作できなくなることです。次のようなことが原因として考えられます。

*3　PC上で動作しているソフトウェアのCPUやメモリーの使用状況、PC全体の負荷状況などを確認できる、Windowsに標準で備わっているツール

図 1-5 タスクマネージャーでのソフトウェア終了方法

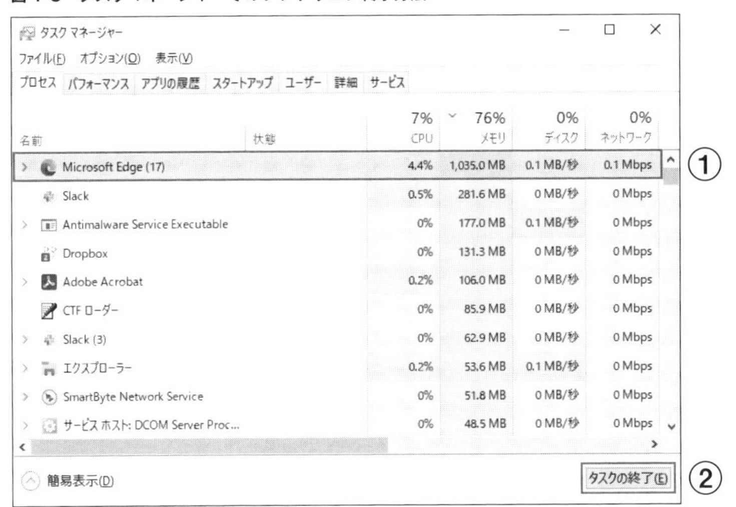

メモリーが不足している、または、ソフトウェアの不具合

PC自体を操作できなくなった場合、タスクマネージャーの起動自体できなくなることが考えられます。その場合は、PCを強制終了するしかありません。なお、処理途中だったデータは失われてしまいます。PCの強制終了の方法については、それぞれのメーカーで異なります。インターネットで検索してください。

熱暴走している

熱暴走とは、何らかの原因によりPCの内部が高温になってしまうことで、PCがフリーズしたり、突然シャットダウンしたりすることを指します。原因としては、PCへの高負荷や、PCに内蔵されているファンの故障、PCの放熱口が塞がれているなどが考えられます。PCへの高負荷の場合は、前述のタスクマネージャーから負荷の原因となっているソフトウェアを特定し、タスクを終了させてください。ファンの故障の場合は、異音がすることが多いので、その場合は修理または交換するしかありません。PCの放熱口が塞がれている場合は、その部分のほこりを取り払う、通気をよくするなどしてPCを冷ましてください。ただし、PCを冷蔵庫に入れたり氷で冷やしたりしないでください。結露が発生し故障の原因になります。症状が回復しない場合は、情報システム担当者に相談しましょう。

図 1-6　放熱口のイメージ

基盤（マザーボード）やHDD、SSDなどのハードウェア故障

　ハードウェアの故障も、PCのフリーズや、突然のシャットダウンの原因となります。PCの基盤であるマザーボード上のコンデンサが劣化で膨張しているなどの故障が考えられますが、修理または交換するしかありません。

図 1-7　マザーボードとコンデンサ

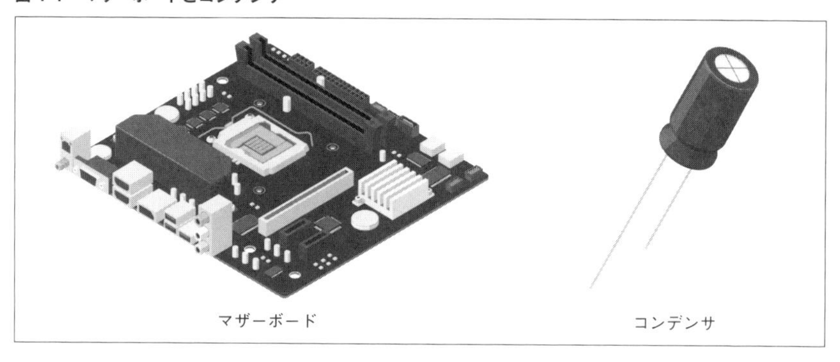

ドライバソフトウェアの相性問題

　ドライバソフトウェアとは、ディスプレイ、マウス、キーボード、マイク、カメラ、プリンター、HDD、SSDなど、PCに接続するデバイスを動かしたり制御したりするためのソフトウェアです。これらドライバソフトウェア同士の相性やOSとの相性が悪い場合（対応バージョンが異なるなど）、PCがフリーズしてしまったりブルー画面が表示されたりすることがあります。初心者には対処が難しいと思いますので、情報システム担当者に連絡しましょう。

図 1-8　ブルー画面のイメージ

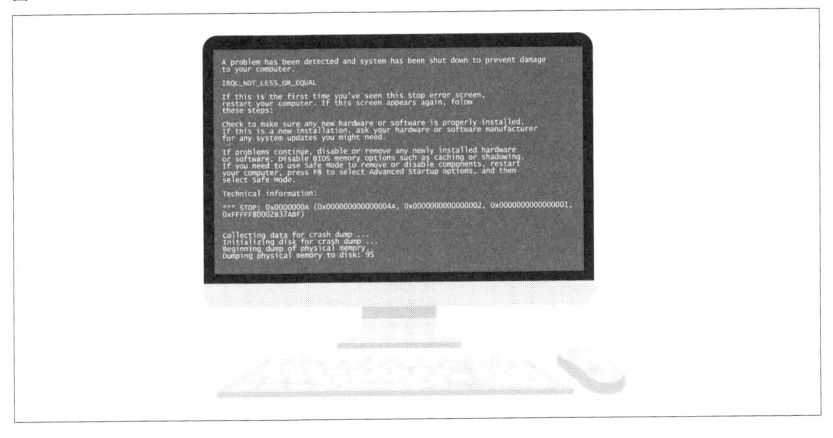

1.3　ログイン、インターネット接続、印刷…そのほかのトラブル

PC本体以外にも、日々の仕事を行ううえで支障が出るようなトラブルの原因は数多くあります。

PCにログインできない

PCにユーザーIDとパスワードを入力してもログインできなかった場合、以下のような原因が考えられます。

パスワード間違い・パスワード忘れ

正しいパスワードを思い出すしかありません。どうしても思い出せない場合は、PCの利用環境によっては自分でパスワードの変更やリセットを行うことができる場合があります。PCのログイン画面で、［パスワードを忘れた場合］または［PINを忘れた場合］というリンクが表示されている場合は、そこをクリックし、以降Windowsの指示に従ってください。

［パスワードを忘れた場合］も［PINを忘れた場合］も表示されていない場合は、情報システム担当者に相談しましょう。

企業によっては、情報システム部門側でパスワードまたはPINを強制的に変更できる仕組みを導入しているところもあります。そのような仕組みがない場合、

PCを初期化することにもなりかねないので、パスワードやPINは忘れないようにしましょう。

詳しくは、インターネットで「Windows パスワード リセット」などで検索し、Microsoftのサポートページを参照してください。

ユーザーID間違い

複数人で同じPCを利用している場合、PCには複数のユーザーIDが登録されています。自分のユーザーIDかどうかを確認してください。

Caps Lockがかかっている

Caps Lockとは、アルファベット入力時に入力される文字を大文字に固定するキーです。通常、大文字を入力する際は「shift」キーと合わせて大文字にしたいアルファベットを入力しますが、このキーが有効になっている場合、「shift」なしで入力すると大文字、「shift」と合わせて入力すると小文字になります。そのため、気付かないうちにCaps Lockが有効になっていると、何度パスワードを入力しても大文字・小文字が逆転してしまいログインできません。「shift」+「Caps Lock」キーを押して解除してください。

図 1-9　Caps Lock キー

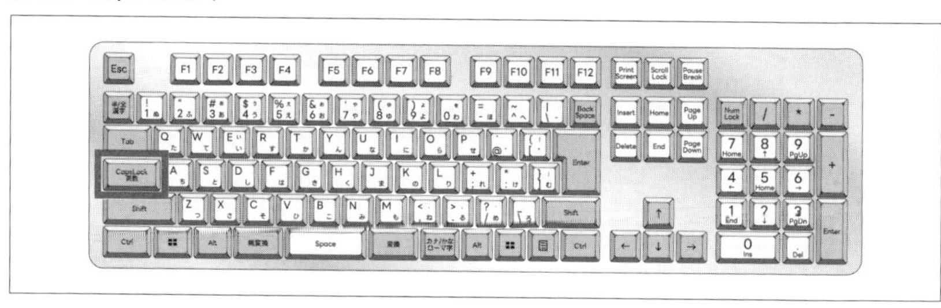

NumLock (NumLk) がかかっている

NumLockキーは、キーボード上の10個の数字キー（テンキー）の近くにあります。NumLockがかかっている場合、テンキーを使用すると数字が入力されます。文字を入力したい場合は、「NumLock」キーを押すか、「Fn」+「NumLock」キーを押して解除してください。なお、キーボードの右側にテンキーが並んでいるような場合は、NumLockキーが無効になっている状態では、各数字キーはPC上で操作している位置（カーソル）を動かすキーとして利用されます。

図 1-10 NumLock キー

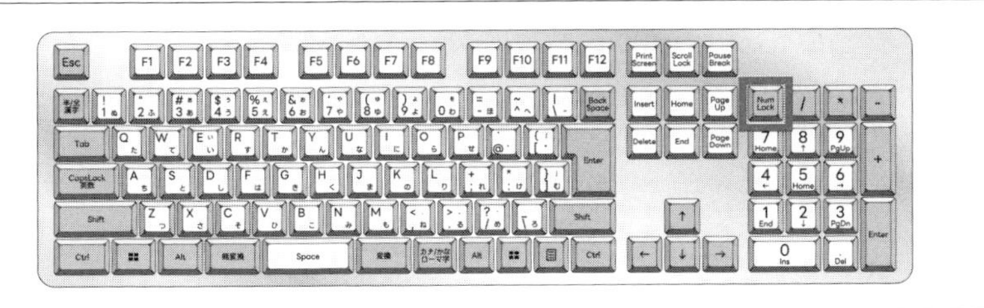

インターネットにつながらない

インターネットにつながらない原因は、LANケーブルを利用しているかどうかでチェックする内容が変わってきます。

<有線LANの場合>

・LANケーブルがつながっていない
　自宅または会社のLANケーブルをPCに挿してください。
・LANケーブルが切断されている
　別のLANケーブルで試してください。
・ネットワーク機器の電源がONになっていない
　ネットワーク機器の電源がOFFになっていないか確認してください。自宅の場合は、回線終端装置(ONU：Optical Network Unit)や集合型回線終端装置(VDSL：Virtual high-rate Digital Subscriber Line)と呼ばれる回線会社からレンタルしている機器、個人で購入し自宅に設置しているWi-Fiルーター、コンセントに挿すだけのホームルーター、モバイルWi-Fiなどをチェックしてください。会社の場合は情報システム担当者に連絡してください。
・接続が許可されていない
　接続しようとしているネットワークの利用が許可されていないことも考えられます。情報システム担当者に確認してください。
・ネットワーク機器の故障
　ネットワーク機器が故障していないか確認してください。ネットワーク機器の電源ボタンを押してもランプの点灯など動きがない、再起動しないなど反応がない(フリーズしている)場合、自宅であれば、ネットワーク機器の電源ケーブルを抜き差しして再起動を試してください。フリーズの原因は、ネットワーク機器のファームウェア(内蔵されているソフトウェア)の不具合とも考えられますので、取扱説明書に沿ってアップデートしてください。会社で発生した場合は情報システム担当者に連絡してください。

Wi-Fi（無線LAN）の場合

・Wi-Fiがつながっていない

タスクバーの右側のインターネット未接続アイコンをクリックし、「ネットワークとインターネットの設定」画面を開きます。そこで、いずれかのWi-Fiに接続されているか確認してください。スマートフォンによるテザリングの場合は、アクセスポイントが表示されるまで時間がかかる場合があります。スマートフォン側のテザリングを一度OFFにし再度ONにするなどして、表示されるまで待ちましょう。

・PCのWi-Fi接続設定がOFFになっている

タスクバーの右側のWi-Fiアイコンをクリックし、「ネットワークとインターネットの設定」画面を開きます。そこで、Wi-FiがONになっているか確認してください（Windows 10の場合）。

図 1-11　無線 LAN の接続方法

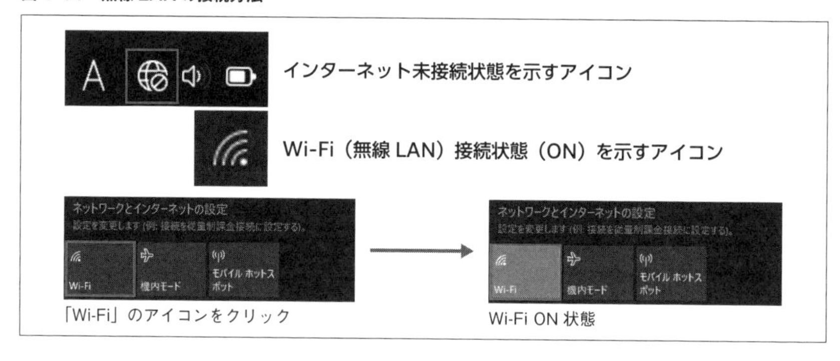

・接続が許可されていない

接続しようとしているネットワークの利用が許可されていないことが考えられます。情報システム担当者に確認してください。

・Wi-Fiルーターの電源がOFFになっている

Wi-Fiルーターの電源が入っているか確認してください。スマートフォンによるテザリングの場合は、テザリングの設定がONになっているか確認してください。

・Wi-Fiルーターの故障

モバイルWi-Fiルーターの場合は、バッテリー膨張や熱暴走などで故障していないか確認してください。フリーズしている場合は、前述の＜有線LANの場合＞内、＜ネットワーク機器の故障＞での対応を試してみましょう。

有線LANもWi-Fi（無線LAN）も正常な場合

・VPNなどのリモートアクセス環境に未接続
VPNなどのリモートアクセス環境への接続が接続済みになっているか確認してください。正しいID・パスワードを入力しても接続できない場合、会社側のVPNなどのリモートアクセス環境がダウンしていないか会社関係者に電話などで確認してください。

・リモートアクセスのアクセス権が無効になっている
アクセス権の期限切れが考えられます。情報システム担当者に確認してください。

印刷できない

「印刷ボタンを押しても印刷できない」という場合も、いくつか原因が考えられます。

プリンターの電源が入っていない

プリンターの電源が入っているか確認してください。

プリンターに不具合がある

プリンター本体のメッセージを確認し、紙詰まりやトナー切れなどを確認してください。

プリンターにつながっていない

ネットワークの変更やオフィス内でのフロア移動など、環境が変わった場合、別のプリンターに接続する必要があるかもしれません。情報システム担当者に確認してください。または、インターネットにつながらない場合と同様、ネットワークに問題があるかもしれません。前節の＜インターネットにつながらない＞を確認してください。

印刷が禁止されている

セキュリティソフトウェアによって印刷が禁止されている可能性があります。印刷エラーなどと表示される場合は、情報システム担当者に確認してください。

初期セットアップが完了していない

PC上のプリンター設定が完了していない可能性があります。手順書を確認して設定するか、情報システム担当者に確認してください。

デバイス（マウス、キーボードなど）が正常に動かない

デバイスに関するトラブルについて、共通して考えられる原因を以下に挙げます。

電池切れ

ワイヤレスの場合、電池切れの可能性があります。

無線が届いていない

電波を受信する赤外線受信機（レシーバー）がUSBに接続されていない、または、別のマウスの赤外線受信機がUSBに接続されている可能性があります。Bluetooth接続の場合は、Windowsの「設定」-「デバイス」-「Bluetoothとその他のデバイス」で、デバイスが接続されているか確認してください（Windows 10の場合）。

デバイスの故障

有線の場合、ケーブルの劣化が考えられます。また、デバイス本体の故障も考えられます。＜電池切れ＞＜無線が届いていない＞の内容を確認しても正常に動作しない場合、別のデバイスで試してください。

マウスの反応が悪い

マウスパッドを使用せずに、反射しやすい机や反射しない素材の上でマウスを動かした場合、マウス裏面のレーザーが反応しにくい場合があります。マウスパッドを利用するか、ほかの机などで試してください。

以上、よくあるPC周りのトラブルと切り分け方について説明してきました。中には、情報セキュリティに関するトラブルも含まれていたでしょう。トラブルの中でも、情報セキュリティに関するものは会社の事業全体に影響する可能性があるため、非常に厄介な問題です。それでは、そのセキュリティについて見ていきましょう。

第2章

情報セキュリティ

2.1 「情報」セキュリティとは

みなさんは、情報セキュリティと聞いて、どんなことをイメージしますか。「パスワード」、「スマートフォンに時々送られてくる怪しいメッセージ」など、そのようなことを思い浮かべていただければ、おおよそイメージできているかなと思います。第1章で説明したように、情報セキュリティとは、金庫や家の鍵のような物理的なセキュリティではなく個人情報やパスワードなど「情報」に関するセキュリティです。マルウェアなどのサイバー攻撃や情報の不正持ち出しなどが該当します。

図 2-1 「情報」に関するセキュリティ

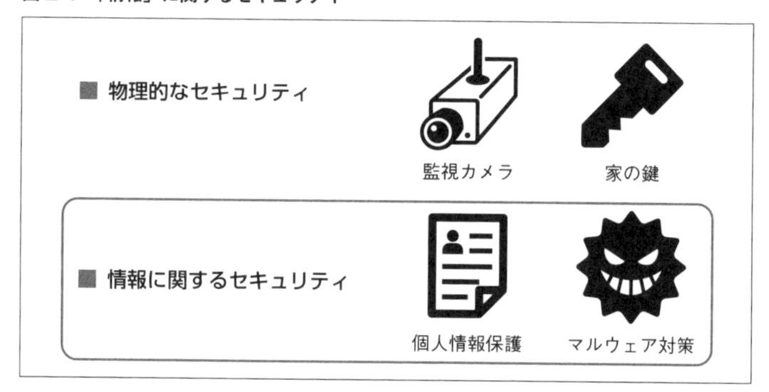

それでは、なぜ、みなさんは情報セキュリティの知識を身に付けようとしているのでしょうか。サイバー攻撃によって、自分自身や会社に不利益が生じないようにするためではないでしょうか。ここでは、情報セキュリティの知識を、具体例（どのような情報を不正に持ち出したら会社やお客さまに迷惑をかけてしまうのかなど）を交えながら学んでほしいと思います。

はじめに、情報セキュリティの基本であり身近な「パスワード」と、それに関連した生体認証などの「多要素認証」について学びましょう。その後、情報セキュリティにおける主なリスクについて説明します。

強いパスワードと弱いパスワード

普段からさまざまなシーンでパスワードを利用し、定期的な更新などの管理をしているかと思います。みなさんは、どのようなパスワードを使っているでしょうか。どうすると強いパスワードになるのか、どのようなものが弱いパスワードにあたるのかを見ていきましょう。

まず初めに、弱いパスワードについてです。毎年、世界でよく使われるパスワードがインターネット上に公開されています。ぜひみなさんも検索してみてください。上位を占めているパスワードは下記のようなものです。このようなパスワードは、攻撃者によってすぐに特定されてしまいますので、使っている人はただちに変更しましょう。

表 2-1　世界でよく使われるパスワードの例

123456	admin	12345678	123456789
1234	12345	Password	123
Aa123456	1234567890	UNKNOWN	1234567
123123	111111	Password	12345678918
000000	admin123	*********	user
1111	P@ssw0rd	Root	654321
qwerty	Pass@123	******	112233

参考：NordPass「Top 200 Most Common Passwords」
https://nordpass.com/most-common-passwords-list/

世界での例を紹介しましたが、日本ではどんなパスワードがよく使われているのか、興味がわきますよね。過去のデータからみると、数字やpasswordに絡めたものは世界共通です。日本独特のものとしては、アニメキャラクターの名前、アイドルの名前、よくある人の名前、「sakura」のように日本を代表するキーワードなどがあります。こうしたパスワードは、攻撃者の手にかかると簡単に特定されてしまいますので、心当たりのある人はすぐに変更しましょう。

それでは、どのようなパスワードが安全なのでしょうか。パスワードは、使われている文字の種類が多く長いほど安全になります。攻撃者にとっては、パスワードに使われる文字を組み合わせて発生しうる、すべてのパターンを1つ1つ試していった場合、最大何回で特定できるのかが重要となるからです。それではクイズです。

クイズ　パスワードの組み合わせ

（1）8桁の数字（0〜9）を使ったパスワードの場合、最大何回で特定されるでしょう。

（2）8桁の英小文字（a〜z）を使ったパスワードの場合、最大何回で特定されるでしょう。

数学の問題ですね。久しぶりに解いてみましょう。

解答

（1）10（種類）×10×10×10×10×10×10×10（8回の掛け算）
＝1億回です。

（2）26×26×26×26×26×26×26×26
＝208,827,064,576（約2088億）回です。

これ以上いくと天文学的数字になるので、計算はやめておきます。以下にパスワードとして組み合わせる文字と種類の例を示します。

表2-2　パスワードの組み合わせと文字の種類

パスワードの組み合わせ	文字の種類
数字（0〜9）	10種類
英小文字（a〜z）	26種類
数字（0〜9）・英小文字（a〜z）	36種類
英小文字（a〜z）・英大文字（A〜Z）	52種類
数字（0〜9）・英小文字（a〜z）・英大文字（A〜Z）	62種類

このように数字だけでなく、英小文字、英大文字を組み合わせると使える文字が増えるため複雑なパスワードを作ることができます。記号（@+-=#%など）を組み合わせるとさらに複雑になります。ただ、あまりにも複雑になると自分で覚えておくことが難しくなってしまいます。そんなとき、どうすればよいかというと自分でパスワードのルールを決めるのです。例えば、数字（0〜9）・英小文字（a〜z）・英大文字（A〜Z）を使って12桁のパスワードを作るとします。みなさんなら、どのように作るでしょうか。

図 2-2　12 桁のパスワードの例

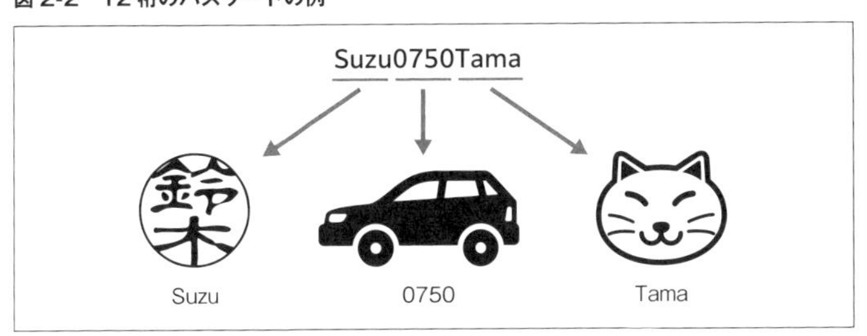

例として、名字 (鈴木：Suzuki)、車のナンバー下4桁 (0750)、ペットの名前 (Tama) を組み合わせてみました。結構複雑なパスワードができたと思います。間に記号 (-) を入れると、

Suzu-0750-Tama

のように、14桁にもすることができます。

最近のWebサイトでは複雑なパスワードが求められることがあります。そのとき、自分だけのルールを決めておけば、比較的覚えやすいはずです。ぜひ、取り入れてみてください。

それからパスワード作成時、次のことにも注意しておく必要があります。まず、ユーザーIDと似たものは避けることです。ユーザーIDはメールアドレスであったり、SNS上などではアカウント情報として表示されていたりすることから、攻撃者は比較的入手しやすい状況にあります。そのため、ユーザーIDと似ているもの、例えばメールアドレスの@を別の文字に変える、ユーザーIDの後ろに誕生日を4桁追加するなどしても、複雑なパスワードにはなりません。メールアドレスの@マークを置き換えるだけであれば、1つ1つ文字や記号を入れ替えて試していったとしても数字、英大文字、英小文字、記号で100種類程度です。誕生日4桁であれば366通りです。

そしてもう1つ、パスワードは覚えにくいものですが、使いまわすことはできる限り避けましょう。特に一般のWebサイトで利用しているパスワードを金融機関のサイトに使いまわすことや、私用と会社用で使いまわすことは危険です。一般のWebサイトはセキュリティ対策が不十分な場合もあります。そうした場合、みなさんのパスワードはすでに漏れている可能性もあります。また、漏れている可能性がある私用のパスワードを会社で利用すると会社に侵入され大きな事故に

つながる可能性もあります。大変ですが、少なくとも、金融機関ごとにパスワードを設定するとともに、私用のパスワードと会社用のパスワードは分けて管理しましょう。

そのほか、インターネットで「安全なパスワードの作り方」などで検索すれば、多くのヒントが出てくるので、こちらも参考にしてみてください。

サイバー攻撃から守るために必要な多要素認証

ここまでパスワードの話をしてきましたが、インターネットバンキングや会社へのリモートアクセスなど、複数の認証を組み合わせる**多要素認証**が使われる場面が増えています。ユーザーIDやパスワードは、大事にしていても、複雑なものにしていても、漏えいしてしまうリスクはあります。とくに、金銭が絡むインターネットバンキング、クレジットカード、ポイントなどに関するサイトのユーザーID、パスワードは攻撃者に狙われます。また、価値のある企業のユーザーID、パスワードも狙われやすいです。攻撃者にとって、苦労してでも手に入れる価値があるためです。そのため、万が一ユーザーIDやパスワードが漏れても攻撃者がログインできないように多要素認証があるのです。普段、みなさんも身近な場面で使っていると思います。ここで、多要素認証に関するクイズにチャレンジしてみましょう。

クイズ　多要素認証

多要素認証は複数の情報（要素）を組み合わせた認証です。どのような情報が認証で使われているか3つ考えてみてください。

解答

多要素認証とは、「知識情報」「所持情報」「生体情報」のうち、2つ以上組み合わせた認証のことを指します。

- 知識情報…パスワード、PINコード、秘密の質問に対する答えなど、自分が知っている情報
- 所持情報…ワンタイムパスワード（ワンタイムパスワード生成装置）、スマートフォン、USBトークン、ICカードなど、自分が所持している情報
- 生体情報…顔、静脈、指紋、虹彩、声など、自身の情報

図 2-3 多要素認証で使われる認証の例

多要素認証では、1つ目の要素での認証（例：パスワード）をクリアしても、もう1つの認証が正しくなければ、認証されません。ぜひ、積極的に利用しましょう。

ここまで、パスワードや多要素認証について紹介しました。この後は、情報セキュリティ全体について学んでいきましょう。

2.2 情報セキュリティの 4 つのリスク

情報セキュリティには、大きく分けて4つのリスクがあります。みなさんが、日頃から気をつけているものもあるでしょう。気をつけるべきリスクは、個人として考える場合とビジネスとして考える場合で異なることもありますが、ここからは、ビジネスの場での情報セキュリティリスクについて考えていきましょう。

図 2-4 情報セキュリティの 4 つのリスク分類

紛失・盗難

会社が管理している物品の紛失・盗難

例

PC やスマートフォンなどの端末、USB メモリーや SD カードなどのメディア、書類、入館証などの紛失・盗難

過失

会社が管理している情報の、不注意による漏えい

例

メールやチャットなどの誤送信、情報共有時のアクセス権設定ミス、他者からの覗き見　など

内部不正

組織内の人物による物品の不正持ち出しや情報の参照・改ざん・持ち出し

例

USB メモリーの持ち出し、顧客情報、機密情報の参照・改ざん・持ち出し　など

サイバー攻撃

インターネットを介した第三者による攻撃

例

- マルウェア
- ランサムウェア
- 標的型メール攻撃
- 不正アクセス
- サービス妨害

など

図に各リスクの概要を示しました。ここから、それぞれのリスクはどのようなものなのか見ていきましょう。

この章では、紛失や盗難、内部不正、サイバー攻撃について主に扱います。過失はさまざまな場面で起こります。メールの誤送信については第3章、SNSへの誤送信やファイル共有時のアクセス権設定ミスについては第4章、チャットなどメッセージ誤送信については第6章で詳しく説明していますので、参考にしてください。

紛失・盗難のリスク

PCやスマートフォンなど、普段利用している物のうち何を紛失したか、何が盗難に遭ったかで、その後の影響が変わってきます。

- PCやスマートフォンなどの端末を紛失した場合、パスワード認証が破られると内部のデータを盗まれてしまいます。PCの場合は、パスワード認証を破られなくても物理的に分解しHDDやSSDを抜き取られてしまうことがあります。このような場合、暗号化されていないと、データを盗まれてしまいます。

図2-5　PCから抜き取られたHDD

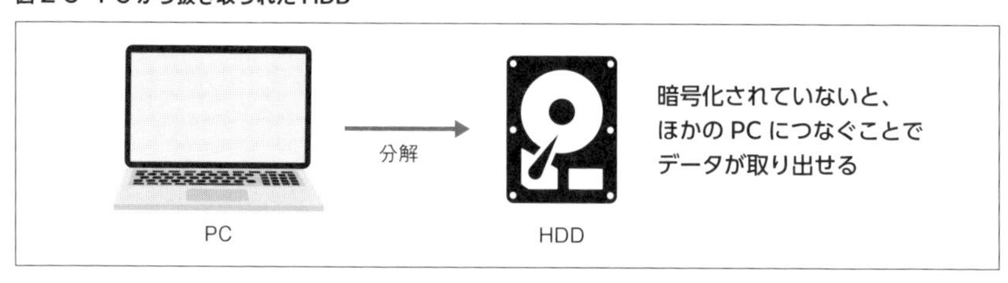

- 最近では、食品の無人店舗に置かれているタブレット端末が転売目的で盗まれています。また、海外出張時にスマートフォンがスリに遭うケースも増えています。タブレット端末やスマートフォンは高額で取引されていますので、気をつけましょう。
- USBメモリーやSDカードなどのメディアの場合、暗号化していないデータが盗まれてしまいます。パスワード認証つきのものもあります。パスワード認証や暗号化機能がついたメディアを購入するようにしましょう。
- 書類の場合は言うまでもありませんね。情報が漏れます。
- 入館証の場合、不正に入館され窃盗事件などにつながります。すぐに自社または契約先に届けて入館証による入室ができないように設定してもらいましょう。

紛失・盗難については、さまざまなシチュエーションで注意すべき点が異なります。シチュエーションごとのリスクと対策例を示しますので、みなさん、参考にしてください。

まず、紛失・盗難はどのような場面で起きるのでしょうか。みなさんの一日の行動を思い浮かべてみてください。移動中やどこかに立ち寄ったときが周りに人も多く、リスクが高いと考えられますね。

それぞれどのようなリスクがあるか見ていきましょう。

移動中の紛失リスク

移動時によく起こる紛失の事象を挙げてみます。

- 服のポケットやバッグから物が落ちるリスクが考えられます。手袋やイヤホンをしていると、感覚が鈍くなっています。スマートフォンや財布、鍵、会社の入館証などを落としてしまった場合も、そのことに気付かないという問題があります。対策として、スマートフォンや鍵、会社の身分証明書など大事な物は、ストラップでベルトループやバッグのフックなどにつないで持ち歩きましょう。
- 自転車やバイクの前かごにバッグをいれておいた場合、バッグが開いていると、段差などを乗り越えるときの振動で、スマートフォンや財布などが落ちることがあります。バッグのファスナーなどは閉めるようにしましょう。また、大事な物は、ストラップでベルトループやバッグのフックなどにつないで持ち歩きましょう。
- 駅やバス停にバッグなどを置き忘れている人がいます。メインのバッグのほかにサブバッグを持っているような場合は、置き忘れやすい傾向にあります。バッグは、リュックタイプにして身に着けましょう。また、複数のバッグを持ち歩くことはせず、極力、1つにまとめましょう。
- 電車の網棚にバッグや書類、上着を置いたまま、忘れたり盗難に遭ったりすることがあります。電車の網棚にバッグや書類、上着を置くのは危険です。忘れるだけでなく、盗難の可能性もあります。手荷物やバッグ、上着は身に着けておきましょう。
- 電車やバスのシートに座っている場合は、ポケットからスマートフォンや鍵などが落ちてしまうケースがあります。スマートフォンや鍵、会社の身分証明書など大事な物は、ストラップでベルトループやバッグのフックなどにつないで持ち歩きましょう。

ちなみに、会社にPCを置いて帰宅する際には、帰宅時にノートPCを鍵のかかるロッカーに片づけたり、盗難防止ワイヤーでPCやモニターを接続し固定したりするとよいでしょう。会社でも盗難・紛失のリスクはあります。

図2-6　盗難防止ワイヤーによるPCの固定

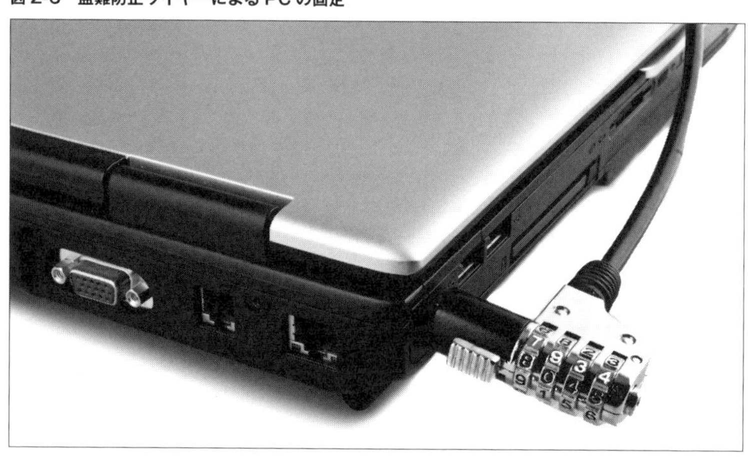

飲食店での紛失リスク

カフェやフードコート、居酒屋などの飲食店およびその帰り道での忘れ物も多くなっています。その事例を挙げてみます。

・カフェやフードコートで、スマートフォンやバッグなどの大事な物で場所取りを行っている人を見たことはないでしょうか。とりあえず席だけ確保して注文に行く場合や、お手洗いに行く場合によく見かけます。中には、テレワーク中に電話がかかってきたのか、PCを置いたまま席を離れる人も見かけます。このような場合、盗難に遭う可能性があります。日本は安全という感覚があるかもしれませんが、スマートフォンやPCは高額で売却できますし、現在の日本ではプロの窃盗グループが街中で活動しています。
　飲食店で席を離れる場合は、ハンカチなど盗まれても構わないもので席を確保しましょう。また、テレワーク中、トイレや電話で店外に出る場合もPCやバッグなど大事な物は持ち歩きましょう。面倒かもしれませんが、いつか盗難に遭ってしまうかもしれません。日頃から、そのリスクを認識して行動しましょう。
・居酒屋から帰るとき、テーブル周り、ハンガー、荷物置き場などに物を置き忘れてしまうことがあります。

お酒を呑みに行く場合は、大事な物は会社に置いていくか、コインロッカーに入れるなど、安全な場所に置いて、必要最低限の物だけ持って行きましょう。また、ストラップがつけられるものは、ベルトループやバッグのフックなどにつないでおきましょう。バッグのファスナー付きポケットなどにしまえるものはしまってください。バッグは、極力身に着けられるリュックタイプがよいですね。

・お酒を呑んだ後の帰り道、トイレや駅・バス停のベンチ、電車・バスの中などに荷物を置き忘れてしまったり、眠ってしまったりすると盗難に遭います。バッグを身に着けていても、窃盗グループにバッグのショルダーベルトを切られ（または、はずされ）、ショルダーベルト以外を盗まれたケースもあります。
バッグは、極力身に着けられるリュックタイプにして、前に抱えておきましょう。電車やバスに乗る場合、リュックなどは前に抱えるのがマナーにもなっていますよね。癖をつけておけば、万が一、眠ってしまっても抱きかかえている状態になるため、比較的安全です。

以上、紛失・盗難リスクの原因となり得るいろいろなケースを挙げてみました。ほかにも自宅で仕事をするために会社のデータや書類を持ち帰って紛失する、コンビニエンスストアで書類をコピーして原本を忘れる、喫茶店やジムなどに荷物を置き忘れるなど、行動する際にはリスクはつきものです。紛失した情報に個人情報が含まれていて悪用された場合や、取引先企業の新商品や設計書など機密情報が含まれていた場合などは、賠償問題に発展し重大事故になります。そのため、会社の規則で持ち帰ることが許可されていたとしても、可能な限り持ち帰らないようにしましょう。そして、PCやスマートフォン、USBメモリーなど、パスワードがかけられるものはかけ、多要素認証にできるものはそのように設定し、暗号化できるデータは暗号化しましょう。そうすれば、万が一紛失・盗難の事態に陥っても最悪の状況を免れることができます。もちろん、会社に無断で持ち出すといったことはしてはいけません。

内部不正のリスク

会社が管理しているものを盗むのは、PCやUSBメモリーなどの物品であろうと、顧客情報や設計情報などの情報であろうと犯罪です。また、盗まなくとも情報を参照したり改ざんしたりすることも、不正アクセス禁止法の対象になるでしょう。

情報を盗む場合、情報の販売や、転職先への手土産など、技術やデザインなどの情報取得が主な目的でしょう。PCやサーバー、ネットワーク、監視カメラ、入退室認証など、いろいろなところでみなさんの行動履歴は取得されています。また、警察には、サイバーセキュリティを専門に扱うサイバー警察がいます。行動履歴の分析によって、例えば下記の事例のように情報を盗んだ人は逮捕されるのです。

・転職者による情報漏えいの事例
2020年10月、A寿司チェーン会社の社長がB寿司チェーン会社に転職し顧問として就任する際、元の会社の各店舗における仕入れ値などのデータを持ち出した。持ち出された情報はA会社における営業秘密だったが、それらのデータにアクセスできる元部下に指示しメールで外部に送信させた。
2023年5月、東京地裁にて有罪判決となった。（懲役3年、執行猶予4年、罰金200万円）
・保守業務委託先による顧客情報不正利用の事例
2021年3月、C証券会社のシステム保守業務を委託されていたD社の従業員が、C証券会社の顧客情報（ID、パスワード、取引用の暗証番号など）を不正に取得。顧客になりすまし、有価証券の売却や現金の不正出金を行ったとして逮捕された。顧客情報は、証券会社のシステムから抽出され、メールで外部に送信されていた。
2022年1月、東京地裁にて有罪判決となった。（懲役4年6カ月）

参考

独立行政法人情報処理推進機構（IPA）サイバーセキュリティ対策・内部不正防止対策
https://www.meti.go.jp/policy/economy/chizai/chiteki/pdf/forum/reiwa5/05_230628_IPA.pdf

自身のためにも家族のためにも、人生を棒に振るのはやめましょう。

サイバー攻撃のリスク

サイバー攻撃には、いろいろな種類があります。内容が少し難しいので、まずはみなさんに直接関係ありそうな言葉をクイズで学びましょう。

クイズ　マルウェア

マルウェアとは何ですか？　以下の選択肢から選んでください。

a) PCやスマートフォンなどの性能を向上させるためのプログラム
b) 悪意を持って作られ、PCやスマートフォンなどに悪影響を与えるプログラム
c) インターネットアクセスのスピードを向上させるためのプログラム

解答▶b)

マルウェア（malware）とは、malicious（意味：悪意のある）とsoftware（意味：PCなどコンピュータに対して命令を出すプログラム）の2つの単語を組み合わせて作られた造語です。PCなどのコンピュータに侵入し、破壊や情報窃取など不正な動作をします。コンピュータウイルスやワームなどの総称です。

クイズ　ランサムウェア

ランサムウェアとは何ですか？　以下の選択肢から選んでください。

a) ハードディスクの性能を向上させるための最適化プログラム
b) マルウェアからPC上のデータを守るためのプログラム
c) PC上のデータを暗号化して身代金を要求するプログラム

解答▶c)

ランサムウェア（ransomware）とは、ransom（意味：身代金）とsoftware（意味：PCなどコンピュータに対して命令を出すプログラム）の2つの単語を組み合わせて作られた造語です。PCなどのコンピュータに侵入し、データを暗号化したり、窃取した機密データを一部公開したりするなどして、身代金を要求するマルウェアです。

クイズ　標的型メール攻撃

標的型メール攻撃とは何ですか？　以下の選択肢から選んでください。

a) 大手企業を無差別に攻撃するサイバー攻撃
b) 特定の組織を狙って巧妙な手口で攻撃するサイバー攻撃
c) 窃取したメールアドレスを利用してランダムに攻撃するサイバー攻撃

解答▶ b)

言葉のとおり、標的とする組織を狙ったサイバー攻撃です。ビジネスでよく利用されるタイトルや文面のメールを送り付け、添付ファイルを開かせたり、URLをクリックさせたりして標的型攻撃用に作られたマルウェアに感染させます。感染させたマルウェアを攻撃者が遠隔操作して重要情報の窃取やデータの改ざん、破壊などを行います。

みなさん、解けたでしょうか。これらの言葉を最低限の知識として知っておいて欲しかったので、クイズにしました。**マルウェア、ランサムウェア、標的型メール攻撃**については、この後、具体的にどういうものか説明します。そのほか、不正アクセスやサービス妨害などがありますが、これらの攻撃対象は主に会社のWebサーバーです。Webサーバーについては直接、みなさんが被害を受けることは少ないため説明は控えます。

ここからは、マルウェア、ランサムウェア、標的型メール攻撃について読む前の前提知識として、みなさん個人に対するサイバー攻撃について説明します。そのあと、個人に対するサイバー攻撃が、企業に対するサイバー攻撃に影響があることについても説明していきます。スマートフォンで受け取る不審なメッセージなど身近な例から始まり、企業の内部情報漏えいやマルウェア感染に至るまでの流れを見ていきましょう。

2.3 サイバー攻撃の実例と対策

個人に対するサイバー攻撃

みなさんも、下記のようなメッセージを受けとったことがあるでしょう。受け取った覚えはないという方の中には、違和感を覚えずに対応していて記憶にないという人もいるかもしれません。その場合、すでに個人情報を盗まれているかもしれませんが、投げやりにならず読んでみてください。

図 2-7 不審なメッセージの例

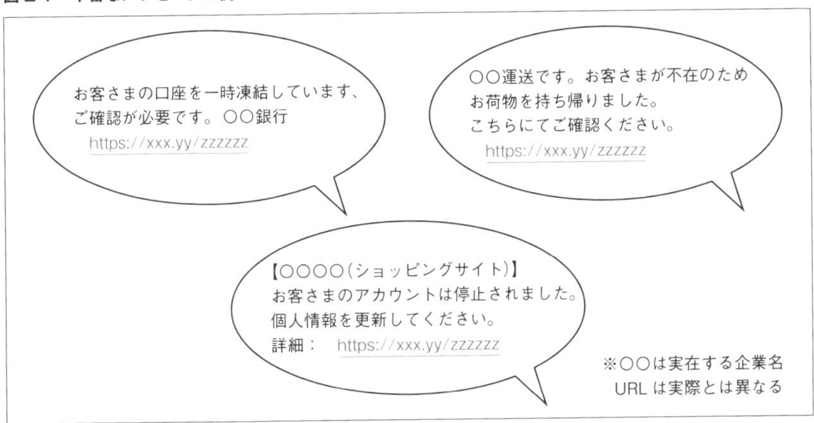

このようなメッセージもサイバー攻撃の1つで、フィッシングと呼ばれます。偽の画面に情報を入力させ、騙し取るのです。騙し取られると以下のような大きな問題につながります。

①銀行口座情報を盗まれ、攻撃者が管理している口座に送金される。
②クレジットカード情報を盗まれ、不正利用される。

この2つについては、容易に想像できるでしょう。あと2つ考えてみてください。

答えは、下記です。③は個人の被害ですが、④は会社に迷惑をかけてしまいます。

③個人メールアドレスやユーザーID、パスワードを盗まれ、同じ個人メールアドレスやユーザーID、パスワードを使用しているほかのWebサイトにログインされ、ショッピングやポイント利用などに悪用される。
④会員制ニュースサイトなど、業務でも利用するようなサイトへのログインID・パスワードが盗まれ、同じID・パスワードを会社へのリモートアクセスや会社で契約しているクラウドアクセス時にも利用している場合、会社へのリモートアクセスやクラウドへの不正アクセスが行われてしまう。

それでは、④が行われた場合に起きることをもう少し掘り下げ、企業における情報セキュリティを考えてみましょう。

クイズ　不正アクセス

ID・パスワードが盗まれ、会社へのリモートアクセスやクラウドへの不正アクセスが行われてしまいました。不正アクセスのあと、何が起きるでしょうか。2つ考えてみてください。

解答

- 内部情報（従業員情報、顧客情報、営業情報、新商品情報、メール情報など）が盗まれてしまう。
- マルウェアを送り込まれてしまう。

企業に対するサイバー攻撃

ここからは、企業に対するサイバー攻撃について説明します。内部情報の漏えいやマルウェアの感染は会社にとって厄介な問題です。これらの攻撃に遭った場合、どのような影響があるか、ケース別に見ていきましょう。

内部情報漏えいの場合

内部情報の漏えいは、盗まれたものにより、その被害は変わってきます。

クイズ 内部情報の漏えい

内部情報として、従業員情報、顧客情報、営業情報、新商品情報、メール情報が盗まれたとします。そうした場合、被害としてどのようなことが考えられるでしょうか。

図 2-8 盗まれたものと被害例（問題）

盗まれたもの	被害例
従業員情報	(1) (2) (3)
顧客情報	(1) (2) (3)
営業情報	(1) (2) (3)
新商品情報	(1) (2) (3)
メール情報	(1) (2) (3)

解答

以下のような被害が考えられます。

図 2-9 盗まれたものと被害例（解答）

盗まれたもの	被害例
従業員情報	(1) 従業員あてに電話がかかってきて高額商品を売りつけられる (2) 年収、住所、電話番号、家族構成などが漏れて高額商品を売りつけられる (3) 個人情報が売りさばかれる
顧客情報	(1) さらなるサイバー攻撃や詐欺に利用される (2) 年収、住所、電話番号、家族構成などが漏れて高額商品を売りつけられる (3) 個人情報が売りさばかれる
営業情報	(1) 競合他社が有利な取引条件で顧客を奪う (2) 販売戦略が漏れるため戦略を練り直す必要がある (3) 営業情報が売りさばかれる
新商品情報	(1) 競合他社が先に有利な仕様で新商品を開発し顧客を奪う (2) 新商品情報が売りさばかれる (3) 販売戦略や株価に影響を与える
メール情報	(1) 迷惑メールが送られてくる (2) メールの題名や内容、あて先が、社内および取引先へのマルウェア感染やビジネスメール詐欺に利用される (3) 社内メールに記載されている内部情報が漏れ、営業情報や新商品情報が盗まれた場合と同じ被害に遭う

マルウェアの例

マルウェア感染の場合、どのようなマルウェアに感染したかで、被害は変わってきます。まずは、世間を騒がせているランサムウェア、続いて標的型攻撃、最後に何年にもわたって活動している有名なマルウェアEmotetの3種類について説明します。

ランサムウェアは、データを暗号化することで組織の活動を止めてしまいます。「個人が利用しているPCのOfficeファイルが暗号化されただけで、組織の活動を止めてしまうのか？」と疑問に思う人もいると思います。しかし、このファイルが重要な業務処理（例：財務処理、生産管理、受発注管理、電子カルテ、医療費清算など）を行う際に必要なものだった場合はどうでしょうか。重要なファイルがランサムウェアに暗号化されてしまうと業務システムが停止し、組織の業務が止まってしまいます。また、ランサムウェアによってはPCの画面をロックするものもあり、そうなった場合、業務を継続できなくなってしまいます。これまで世界中の多くの組織がその被害に遭ってきました。日本においては、自動車部品会社が事業停止に陥り、関連する自動車会社も工場を1日停止しました。また、輸出入額が最大の港湾システムが3日間停止させられたこともありました。そして人命に関わる医療機関が約2カ月停止したという例もあります。このように、被害に遭ってしまうと計り知れない影響があるランサムウェアについては、最低限、どんな危険があるのか記憶に残してください。ランサムウェアは大きく分けて、暗号化だけを行うものと、暗号化および情報窃取を行うものがあります。それぞれについて説明します。

暗号化のみを行うランサムウェアの場合

ランサムウェアとは、PCやサーバー上のファイルを暗号化したり、PCやサーバーの画面をロックしたりして、復号と交換条件で金銭（仮想通貨）を要求する悪質なマルウェア攻撃です。2016～2017年、WannaCryという暗号化のみを行うランサムウェアが世界中で猛威を振るい、2017年5月の時点で、150か国30万件の被害が確認されていました。日本でも感染が広がり、大きなニュースになりました。

ランサムウェア感染時に要求される身代金は、何億円にも及ぶことがあります。日本では「犯罪に対して金銭は支払わない」といった風習があるため、こうした脅迫に対し身代金を支払っているのかと言えば、あまり支払っていないのが実態です。支払って必ずファイルを復号できるのかと言えばそうでもなく、復号できる場合もあれば、追加で身代金を要求されるケースもあります。ちなみに、バックアップをきちんと取得している組織においては、バックアップ自体が暗号化されたファイルで上書きされていなければ、復旧できるでしょう。

図 2-10　暗号化のみを行うランサムウェアの動き

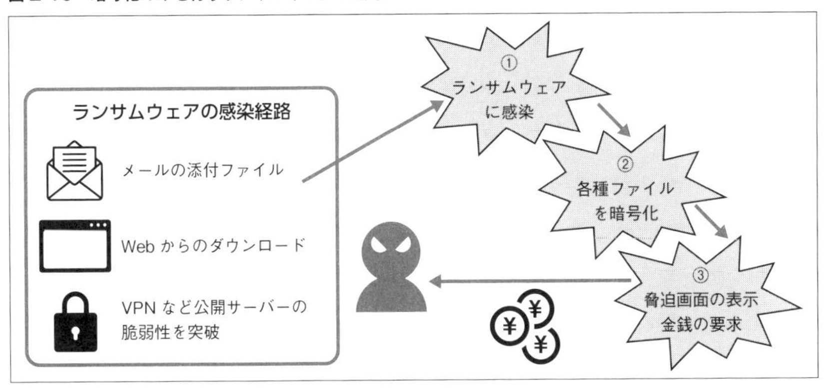

感染経路は複数存在します。特定の組織を狙ったケース（標的型）の場合は以下のような経路が考えられます。

- 攻撃者がVPN機器の脆弱性から侵入することで感染
- 攻撃者がVPNの弱い認証情報を利用して侵入することで感染
- 攻撃者がリモートデスクトップの脆弱性から侵入することで感染
- 攻撃者がリモートデスクトップの弱い認証情報を利用して侵入することで感染
- 先に感染したマルウェアがC&Cサーバーからダウンロードすることで感染

用語解説

- VPN：Virtual Private Networkの略で、日本語では仮想専用通信網と訳される。通信を行う際に物理的に通信路を確保するのではなく、暗号化によってインターネット上に仮想の専用通信路を確保するという意味。多くの企業のリモートワークに取り入れられている通信手段で、PC側ではID・パスワードを入力したり先に説明した多要素認証を用いたりしてリモートPCと会社との間で仮想の専用通信路を確立している。
- リモートデスクトップ：リモートPCから会社など遠隔地にあるPCに接

続して接続先のPCを操作する方法。リモートPCのキーボードやマウスで遠隔地のPCを操作できる。例えばリモートPCにOfficeソフトウェアがインストールされていなくても遠隔地のPCにOfficeソフトウェアがインストールされていれば、Officeソフトウェアを利用した業務が可能となる。作成したファイルは遠隔地のPCやそこからアクセスできるファイルサーバーなどに保存できる。リモートデスクトップを利用する際は、ID・パスワードを用いて遠隔地のPCにログインする。ログイン試行の回数制限設定漏れや多要素認証が利用できないなどセキュリティ課題もあるため、通常、VPNとセットで利用する。

・C&Cサーバー：攻撃者が攻撃に利用するサーバー。攻撃先に送り込んだマルウェアに遠隔地から命令を出して活動するためのサーバー。C2サーバーとも呼ばれる。

個人を狙ったケース（ばらまき型）の感染経路は以下のようなものがあります。

・メールの添付ファイルによる感染
・メールに記載されているURLをクリックしファイルをダウンロードして感染
・Webサイトの閲覧時に気付かないうちにファイルをダウンロードして感染
・ランサムウェアが仕込まれたWebサイトのフリーソフトウェアやドライバソフトウェア、その他ファイルをダウンロードして感染
・USBメモリーなどの外付けデバイスから感染

図2-11 目的別のランサムウェア

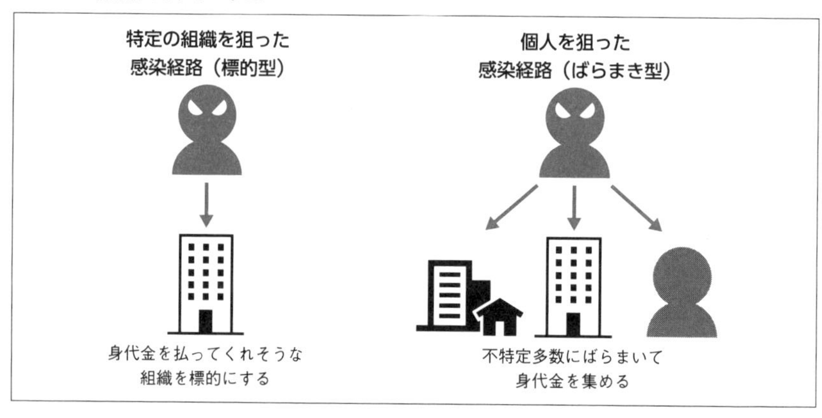

ランサムウェアに感染するとPCやサーバーのファイルが暗号化され、ほとんどの場合、**拡張子**も変わります。ファイルを無理やり開くと暗号化されているので、文字化けします。ちなみに、拡張子とは、ファイルの種類を識別するもので、「.xxx」といったように、ファイル名の一部になっています。例えば、Microsoft Wordの拡張子は「.docx」、Microsoft PowerPointの拡張子は「.pptx」です。

図2-12 暗号化されたファイルのイメージ

暗号化されたファイルの中身（例）　　変更されたファイルの拡張子（例）

ファイルを復号するための身代金を要求する脅迫画面が表示されます。PCやサーバーの再起動を促す画面が表示され、再起動すると、OSを起動するために重要なデータ領域が書き換えられたり、壁紙が身代金を要求する脅迫画面に変更されたりするなどさらなる被害に進展します。例としてランサムウェアWannaCryによって変更された壁紙を載せておきます。

図2-13 ランサムウェアWannaCryによって変更された壁紙

壁紙が変更されたあと、脅迫画面が現れます。脅迫画面上からは、時間とともに支払額が引き上げられていくことがわかります。暗号化されたファイルを元に戻す方法としてBitcoinでの支払いについて記載されていますが、ここで支払ってはいけません。このような状況に陥った場合には、そのままにして第1章の「PCの動きが遅い」で示したようにPCをネットワークから切り離し、情報システム部門に連絡してください。

図2-14　ランサムウェアによる脅迫メッセージ

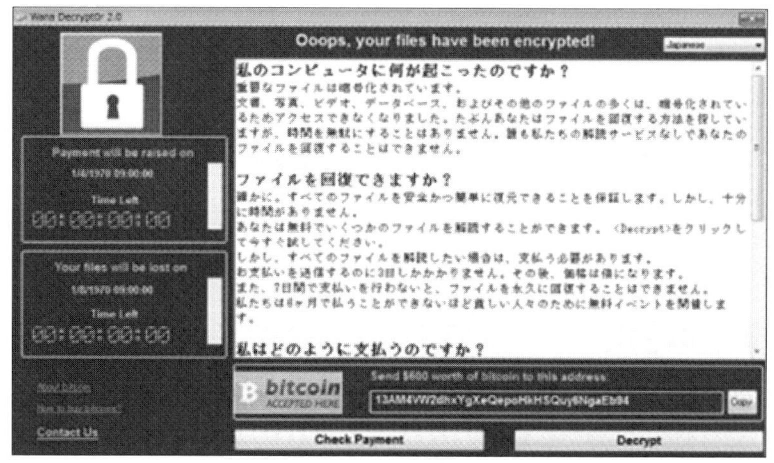

出典

埼玉県警察ホームページ
https://www.police.pref.saitama.lg.jp/c0070/kurashi/cyber-ransom.html

暗号化と情報窃取を行うランサムウェアの場合

こちらは、暗号化のみを行うランサムウェアに比べて、もっと悪質です。暗号化するだけでなく、暗号化する前の情報を盗み出して、インターネット上に少しずつ公開していくのです。そして、公開してほしくなければ、身代金を払うよう脅迫するのです。標的になった企業が顧客の個人情報（名前、住所、電話番号、メールアドレス、銀行口座情報、クレジットカード情報、購入履歴、病歴など）や技術情報などを盗まれ、公開されたことを想像してみてください。その企業は信用を失うだけでなく、ビジネス上、重要な情報が漏えいしてしまい競争力を失います。つまり、経営が傾くということです。

特徴は暗号化のみを行うランサムウェアとほとんど同じです。暗号化に加えて情報を盗むところが異なるだけです。下図で、異なる部分を太字で示しています。

図 2-15 暗号化と情報窃取を行うランサムウェアの動き

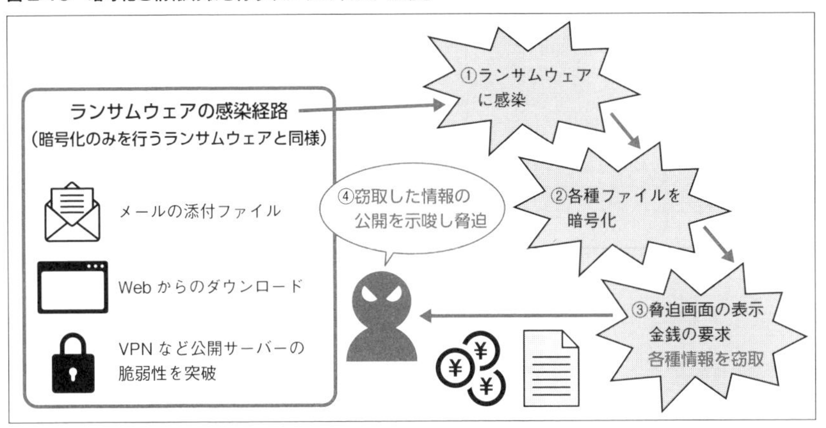

標的型攻撃

ランサムウェアの説明の中でも出てきましたが、標的型攻撃とは、特定の企業を狙ったサイバー攻撃です。主な目的は、情報窃取や業務停止に陥らせることです。読者のみなさんにとっては、会社が狙われるのであれば、関係ないと思う人もいるかもしれませんが、実は、従業員が騙されて標的型マルウェア（標的とした組織に特化したマルウェア）に感染させられたり、巧妙な誘導によりユーザーIDやパスワードを盗まれたりして侵入されることは多々あります。みなさんが狙われ、会社への攻撃の糸口となってしまう可能性もあるため、標的型攻撃について知っておいてほしいのです。

多くの場合、標的型攻撃の発端は、標的型メールです。標的型メールに添付されたファイルを開かせて標的型マルウェアに感染させたり、標的型メールの本文に記載されたURLをクリックさせて標的型マルウェアに感染させたり、巧妙な手口でユーザーIDやパスワードを聞き出し、盗まれたりします。

そのため多くの組織で、従業員が標的型メールに騙されないように標的型メール訓練を行っています。読者のみなさんの中には、所属している会社の標的型メール訓練を受けて、怪しいメールの添付ファイルを開いてしまった人もいるかもしれません。あらためて、その標的型攻撃の特徴を見てみましょう。

図 2-16　標的型攻撃の動き

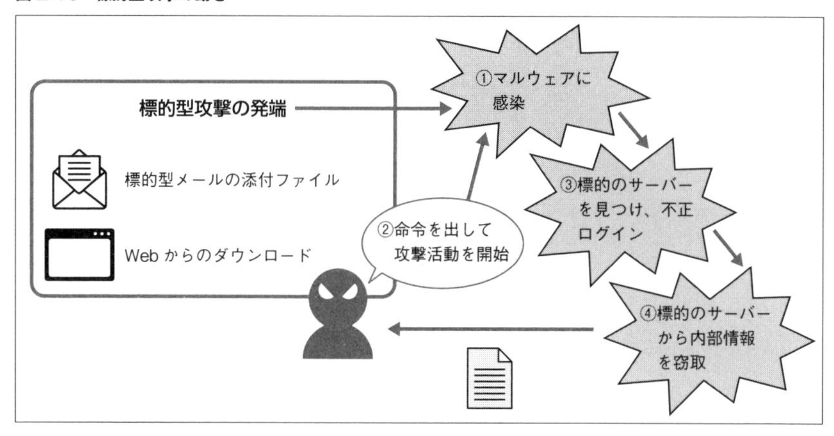

- 感染経路はランサムウェアと同じように複数存在するが、一般的には標的型メールが利用される。
- 「定例会の議事録」や「ゴルフコンペの結果」など、従業員が普段やり取りするようなメールのタイトルや、「割引キャンペーン」のように興味を引くタイトルが利用される。そして、さらに興味を引くためにタイトルに「緊急」「至急」「重要」をつけるなどして、受信者に添付ファイルやURLをクリックさせる。
- 業務を装ったメールで、各種ID・パスワードを聞き出すこともある。
- 標的型のマルウェアに感染すると、攻撃者がC&Cサーバーから命令を出して標的とするサーバーの探索など攻撃活動を実施する。
- 標的のサーバーを見つけたら、盗んだユーザーIDとパスワードで不正ログインする。
- 標的のサーバーにログインし、窃取する情報を探索。情報を見つけたら、その情報を圧縮するなどして、C&Cサーバーに送信する。

代表的なマルウェアEmotet

最近のマルウェアには複数の機能を持つものもあり、そうしたマルウェアが猛威を振るっています。その中でも有名なマルウェア、Emotetについて説明します。

Emotetは、世界では2014年ごろから、日本では2019年ごろから活動を始め、途中、テイクダウンされた（闇の組織やシステムが警察組織に取り押さえられた）にも関わらず、年々進化し、現在も活動している危険なマルウェアです。類似のマルウェア（派生モデル）も出回っています。

- メールの添付ファイルや、メール内に記載のURLをクリックしてダウンロードしたファイルから感染することが多い。
- 業務連絡、緊急連絡、時事ニュース関連連絡などを装うメールタイトルになっている。
- 「Re:」や「Fwd:」を含んでいたりするため、受信者が正規の業務メールと思い込む。
- 受信者が添付ファイルのマクロを実行するとWindowsに標準搭載されているプログラム（PowerShell）が実行され、EmotetがC&Cサーバーからダウンロードされる。
  ※心当たりのない添付ファイルを開いたとき「コンテンツの有効化」が表示されてもクリックしてはいけません。クリックするとPowerShellが実行されます。

図2-17　マクロを含むファイル

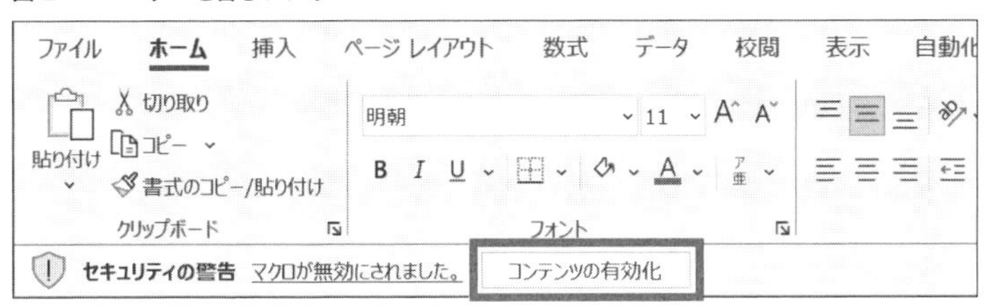

- メールデータ（PCに保存しているメール群）など機密情報を窃取する。
- 情報を窃取するだけでなく、ほかのマルウェアを配信するための環境を構築し、有料で貸し出す（サイバー攻撃のビジネス化）。
- 実在する組織になりすましたり、実際に業務でやり取りされたメール（窃取したメール）の内容を用いたりして受信者を騙す。

図2-18　Emotetが添付されたメールのサンプル

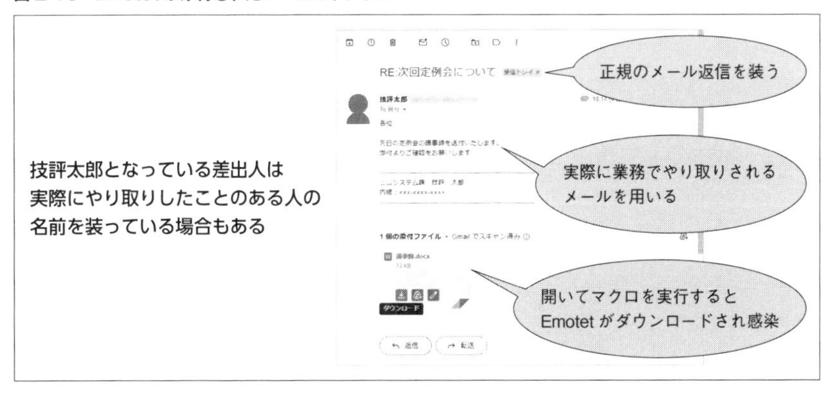

図 2-19　Emotet の動き

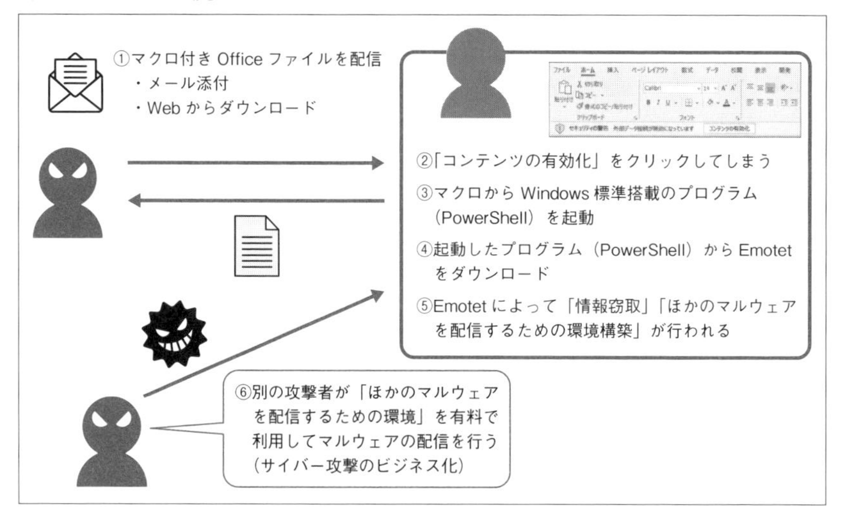

そのほかのマルウェア

ここまで代表的なマルウェアについて説明してきましたが、マルウェアは情報を盗む目的で作られていることがほとんどです。例えば、以下のような機能を持っています。

・ファイルやメールなどの情報を盗む
・PCのキーボードに打ち込んだ文字列を記録するソフトウェア（キーロガー（Key Logger））を利用して、パスワードなどの文字列を盗む
・攻撃者が遠隔で命令を出せるよう、まずはC&C通信を行うマルウェアに感染させ、その後本当の目的を実行するマルウェアを送り込む

ランサムウェアや標的型攻撃、Emotetはこれらの機能を組み合わせて作られています。ほかにも複数の機能を持つマルウェアは多く存在しますし、今後も作られていくでしょう。共通して言えることは、初期段階で侵入される手口はそれほど変わらないということです。みなさんは、不審なメールに騙されない、不審なWebサイトにはアクセスしない、認証は強固にするといったことに気をつけてください。また、第3章以降で説明している、さまざまなサイバー攻撃についてもぜひ知っておいていただきたいです。

メールアドレスやパスワードが漏えいしていないか確認しよう

ここまで読み進めてきたみなさん、自分のメールアドレスやパスワードが漏えいしていないか不安じゃないでしょうか。実は、メールアドレスやパスワードが漏えいしていないか（流出していないか）確認する方法があります。下記の英語サイトで、メールアドレスやパスワードが漏えいしていないか確認できます。漏えいしていない場合、「Good news – no pwnage found！」と表示され、漏えいしていた場合、「Oh no – pwned！」と表示されます。ドキドキしますが、確認してみましょう。ちなみに筆者の情報は漏れていませんでした。

「have I been Pwned」(https://haveibeenpwned.com/)

この章で紹介した内容について、おさらいクイズです。

クイズ　安全なパスワード

次のうち、最も強いパスワードはどれでしょう。以下の選択肢から選んでください。

a) 数字のみ8桁のもの
b) 英字・数字・記号を使用し、かつ覚えやすい「Pass@123」
c) 自分のイニシャル（英大文字）やペットの名前（英小文字）、車のナンバーなどを組み合わせたもの

解答▶ c)

パスワードは、組み合わせる要素（英字・数字・記号など）が多いほど使える文字が増えるため、より強固なものにすることができます。(b) も複数の要素が使用されていますが、世界中で多く利用されており、攻撃者に特定されやすいという弱点があります。

クイズ 多要素認証

次のうち、多要素認証になっているものはどれでしょう。以下の選択肢から選んでください。

a) ID・パスワード認証 ＋ 秘密の質問に対する答え
b) ICカード認証 ＋ ワンタイムパスワード
c) 顔認証 ＋ 秘密の質問に対する答え

解答▶c)

多要素認証とは、「知識情報」「所持情報」「生体情報」のうち、2つ以上組み合わせた認証のことを指します。(a) はどちらも知識情報、(b) はどちらも所持情報です。(c) は生体情報と知識情報の組み合わせとなります。

クイズ 標的型攻撃

標的型攻撃の特徴のうち、正しくないものを選んでください。

a) 感染経路は大手企業に無差別にばらまかれるメールが利用される
b)「定例会の議事録」や「ゴルフコンペの結果」など通常やり取りするメールを装う
c) あらかじめ従業員のID・パスワードを盗んでおき、標的のサーバーを見つけたら、そのIDとパスワードで不正ログインする

解答▶a)

標的型攻撃は、無差別ではなく、特定の組織を狙って巧妙な手口で攻撃するサイバー攻撃の一種です。感染経路は複数存在しますが、一般的には標的型メールが利用されます。会社への攻撃の踏み台として、まず従業員が狙われるケースもあるため、注意が必要です。

次世代人財の情報活用および情報セキュリティへの関心の高まり

2023年末の時点で、小学生に対して3年間、大学生に対して5年間、セキュリティ教育に携わってきました。昨今、「情報」の活用もしくは「情報セキュリティ」を必要とする場面は非常に多く、教育環境や学生たちの意識が筆者の知る昭和、平成時代とは異なることを肌で感じました。いくつか例を挙げてみます。

小学生については、以下のような変化を感じました。スマートフォンやタブレットの普及によって小学生の生活は急激にデジタル化されていっています。

・SNSを利用している小学生が、犯罪に巻き込まれるケースが増えている
・スマートフォンやPCを使ってゲームをしたり、コミュニケーションを取っていたりするため、マルウェア感染やフィッシングなどのリスクに晒されている
・GIGAスクール構想[*1]を背景に授業でタブレットPCが活用されている
・文部科学省が2020年から実施されている小学校学習指導要領にて、情報活用能力を、言語能力と同様に「学習の基礎となる資質・能力」と位置づけている
・学校でプログラミング教育が必須化されている
・社会科の授業で「情報セキュリティ」が取り上げられている

子ども達を守らなければならない我々大人も「情報」の活用や「情報セキュリティ」の知識を身に付け、スマートフォンやSNSを利用した子ども達の行動に関心を持ち、リスクを回避する心構えが必要です。

大学生については、以下のような変化を感じました。文系、理系に関わらず基礎知識としてセキュリティを身に付けるといった状況が見え始めています。

・全員がPCを持って講義に出席している
・情報セキュリティの講義を受ける学生の属性が、理系だけでなく文系にも広がっている

*1 GIGAスクール構想：GIGAはGlobal and Innovation gateway for Allの略。全国の小学校児童・中学校生徒全員への「1人1台端末」と、ストレスなくインターネット上の情報やクラウドを利用できる「高速大容量の通信ネットワーク」の一体的な整備を中核とした文部科学省の施策。

・事業立ち上げを考えている学生がセキュリティの知識をつけようとしている
・セキュリティ専門でインターンシップを希望する学生がいる
・2025年度以降、「情報Ⅰ」が「大学入学共通テスト」に追加される

これから社会に出てくる学生は、すでに、ある程度の「情報セキュリティ」の知識を身に付けている可能性があります。みなさんも知識を身に着けておかないと、彼らとのギャップが生じてしまうかもしれません。例えば、事業のデジタル化に関する工数を見積もる際、これまでは含まれていなかったセキュリティ対応費が、これから社会に出てくる次世代人財による見積もりでは自然に含まれているということもあるかもしれません。また、次世代人財があらゆる事業のセキュリティ対策費に関する承認を得ようとした場合、その上司になり得るみなさんがその妥当性の判断をしなければならない、というシーンも出てくる可能性があります。そのため、みなさんにもある程度のセキュリティの知識を身に付けておいていただきたいと考えています。

第3章

メールの話

3.1 フィッシングメール

個人情報をだまし取るメールやメッセージを疑似体験してみよう（被害に遭わないために）

メールやメッセージの受信をきっかけに詐欺被害に遭ったというニュースを聞いたことがある方も多いのではないでしょうか。同様の被害に遭わないためにはどのような対策が必要かなど、不安があるかもしれません。

ここでは、悪意のあるメールを疑似体験することで、受信者の陥りやすい行動や、攻撃者の意図を理解していきましょう。

それでは体験してみましょう。

みなさんはこのようなメール・メッセージを受け取ったことはありませんか？

クイズ　メール事例

下の図は、実在するサービスを騙った偽のメールです。不審と思われる箇所、注意すべき箇所はどこか、〇をつけてみましょう。また、その理由を考えてください。（1カ所あります）

図3-1　メール文面（問題）

いつもLINE Payをご利用いただき、誠にありがとうございます。

最近、システムの定期チェック中に、貴殿のアカウントに異常な活動が検出されました。
アカウントと資金の安全を保つため、アカウントの確認をお願いいたします。

確認の手順は以下の通りです：

LINE Payアカウントにログインしてください。

https://line.me/ja/

このメールの受信から24時間以内に確認を完了することをおすすめします。

ご理解とご協力のほど、よろしくお願い申し上げます。
何かご不明点やご質問がございましたら、いつでもご連絡ください。

LINE Payカスタマーサポート

日本フィッシング対策協議会
https://www.antiphishing.jp/news/alert/linepay_20230816.html
をもとに作成

解答

図 3-2 メール文面 解答

いつも LINE Pay をご利用いただき、誠にありがとうございます。

最近、システムの定期チェック中に、貴殿のアカウントに異常な活動が検出されました。
アカウントと資金の安全を保つため、アカウントの確認をお願いいたします。

確認の手順は以下の通りです：

LINE Pay アカウントにログインしてください。

https://line.me/ja/

表示は実際に存在する正しい URL
アクセス先は
https://rga ●●● .cn/ ●●●

このメールの受信から 24 時間以内に確認を完了することをおすすめします。

ご理解とご協力のほど、よろしくお願い申し上げます。
何かご不明点やご質問がございましたら、いつでもご連絡ください。

LINE Pay カスタマーサポート

URL[*1] 部分にマウスを近づけるとアクセス先は、中国の Web サイト（.cn）になっている。(PC の場合)
スマートフォンの場合は、URL やハイパーリンク [*2] が付与されているアイコンや文字の部分を長押しするとリンクの全体が表示される。(タップするとアクセスしてしまうので注意。また､長押ししても設定によってはプレビュー画面が開かれてしまう場合がある)

*1 Uniform Resource Locatorの略であり、情報がインターネット上のどこにあるかを一意に表すもの。
*2 アイコンや文字などに埋め込まれた、ほかの情報へのURL

上記のように偽のメールを本物かどうか見分けることが難しくなってきています。実在するサービスを騙るだけでなく、実際に配信された本物のメールの内容を流用しているケースもあります。

今回のケースでは、表示されているURLは、実際に存在する正しいURLです。しかし、リンク先は、フィッシングサイトのものとなっていました。

続いて、スマートフォンのショートメッセージサービス（SMS）[*3]での事例を見ていきましょう。

*3 携帯電話の電話番号を宛先とし、短いテキストメッセージをやり取りできるサービス

クイズ　SMS事例

下記図は、スマートフォンのSMSで届いたメッセージです。不審と思われる箇所、注意すべき箇所はどこか、○をつけてみましょう。また、その理由を考えてください。（2カ所あります）

図3-3　スマートフォンに届いたSMS（問題）

解答

図3-4　スマートフォンに届いたSMS（解答）

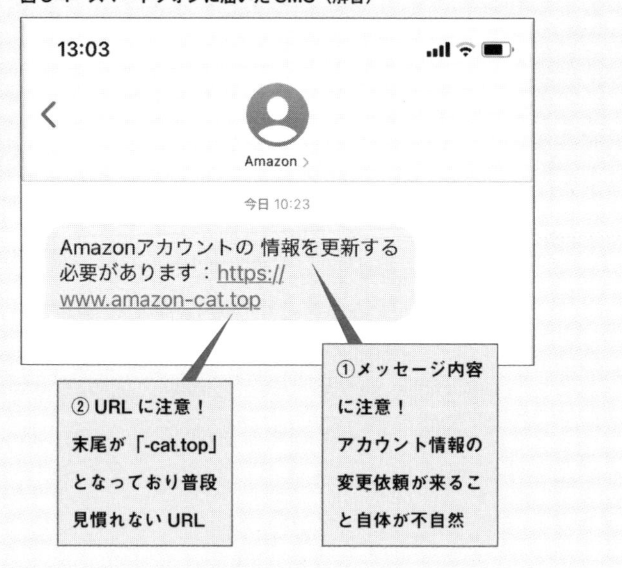

不審なSMSに対して確認すべき点は以下になります。

メッセージが本物かどうか

IDや個人情報の確認、パスワードの変更などを要求するURLへの誘導は詐欺ではないかと疑うことが大切です。

SMSが本物かを見分けるには、メッセージ内容や、URL（直接アクセスすることは厳禁）を、検索します。多くの場合、類似の被害が出ており、情報を確認できる可能性があります。

Amazonの場合は、「メッセージセンター」サービスで、公式Webサイトから発信された通知を確認することができます。受け取ったメールや、SMSの内容が「メッセージセンター」で公開されていない場合は偽物の情報になります。

「メッセージセンター」の確認方法

- **ブラウザーの場合**

  AmazonのWebサイトにアクセスし、ログイン

  ホーム画面→アカウント&リスト→アカウントサービス→メッセージセンター→受信トレイ→すべてのメッセージ

- **スマートフォンアプリの場合**

  Amazonアプリの下部の人のマーク→アカウントサービス→メッセージセンター/メッセージ→すべてのメッセージ

アクセス先のURLの確認

Amazonのヘルプ&カスタマーサービスでは、Amazon.co.jpを装った偽のWebサイトに関する注意が記載されています。

Amazon.co.jpのWebサイトのURLは、「https://××.amazon.co.jp/」または「amazon.co.jp/」で始まります。

出典

https://www.amazon.co.jp/gp/help/customer/display.html?nodeId=G4YFYCCNUSENA23B

普段と違う不自然な内容や、見慣れないURLへのアクセスを要求する突然のメールやSMSは、URLリンクをクリックしないということが大切です。

なお、問題に掲載されている偽のURLは現在アクセスできません。Webサイトが削除されています。

フィッシング攻撃

スマートフォンのSMSやMMS*4（マルチメディアメッセージングサービス）、個人のメール宛てにAmazonやヤマト運輸、XX銀行などよく知っている会社名の送信者から、アカウントの変更依頼などの通知を受け取ったことはないでしょうか。送信者を知らないが、宝くじが当選した・懸賞が当たったといったメールも類似です。

これらの多くはフィッシング攻撃と呼ばれています*5。フィッシング攻撃は、不特定多数の個人を対象としており、対象者をだまし、個人や会社のユーザーIDやパスワード、クレジットカード番号、個人情報（住所や名前、ほか）、企業情報を盗み取ります。攻撃者は盗み取った情報から、金銭や何らかの利益を得ることを目的としています。

図3-5 フィッシング攻撃の手口

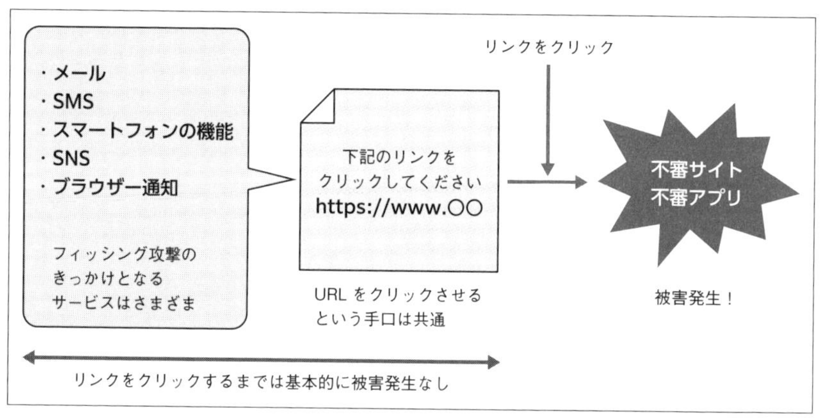

参考：IPA
https://www.ipa.go.jp/security/anshin/attention/2021/mgdayori20210831.html

*4 携帯電話会社が提供するメールアドレスを宛先とし、テキスト以外に画像などもやり取りできるサービス
*5 SMSを利用したフィッシング攻撃はスミッシング攻撃と呼ばれています。

フィッシングサイトの具体例

では実際のフィッシングサイトがどのようなものか見ていきましょう(注:フィッシングサイトへのアクセスは行わないでください)。

SMSで送られてきたURLにアクセスすると、偽のWebサイトの画面が開きます。一見本物のWebサイトのように見えますが、URLが不自然なことからも偽のWebサイトであることがわかります。

図3-6 フィッシングサイトの具体例:Amazonの偽サイト①

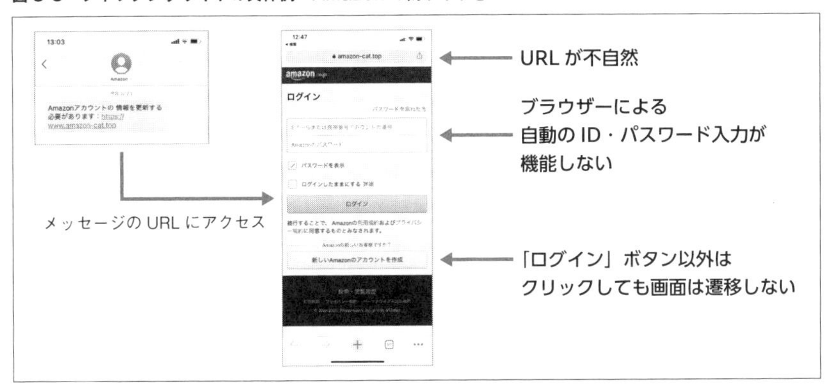

また、「ログイン」ボタン以外の「パスワードを忘れた方」のリンクや、「新しいAmazonのアカウントを作成」などのボタンは、表示のみで押しても反応しません。(画面の作りはWebサイトごとに異なるため、上記は一例になります。)

ID・パスワードの入力についても、正規のサービス画面の場合、スマートフォンのブラウザーアプリケーションがID・パスワードを自動で入力する機能がありますが、偽のWebサイトのため自動入力機能が働きませんでした。手入力でのログインが要求されます。ここでID・パスワードを入力してしまうと、情報が盗まれてしまいます。

なお、偽サイトでは、正しいもの・架空のもの関係なく、ID・パスワード欄への入力を行い「ログイン」ボタンを押すと次の画面(こちらも偽のWebサイト)に遷移します。

図 3-7　フィッシングサイトの具体例：Amazon の偽サイト②

amazon-cat.top
amazon
更新するまでアカウントにアクセスできません
お支払い方法を更新する
メールをリンク
10秒以内にアカウントにリダイレクトされます。
マイアカウント
ログアウト

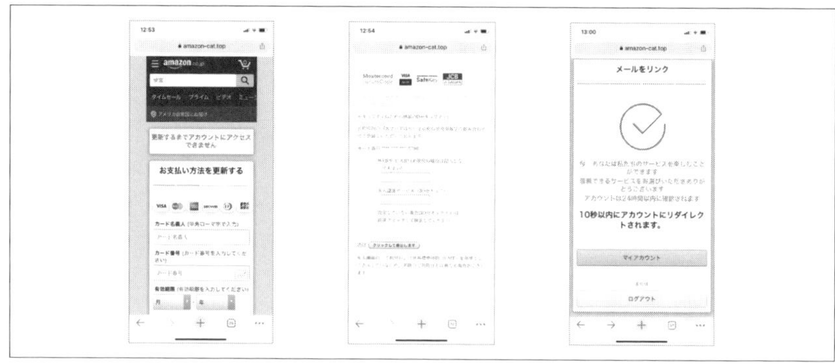

今回の例では、次にカード情報の入力画面が表示されました。カード情報入力画面でも、先ほどのID・パスワード入力画面同様、カード情報入力箇所以外の「タイムセール」などのリンクを押しても画面は反応しません。(一例です)

偽物であることに気付かないままカード情報を入力すると盗まれてしまいます。最後に完了画面が表示されます。

このように、フィッシングサイトは、一見本物のWebサイトに見えます。いつもとログインの流れが違う、サイトの挙動が違うなど違和感がある場合は、注意深く確認することが大切です。ほかにも、宅配業者を騙ったSMSでフィッシングサイトへ誘導するケースや、Facebookのメッセンジャーで不審なメッセージが送られてくるケースなどもあります。

図 3-8　フィッシングサイトの具体例：運送会社の偽サイト

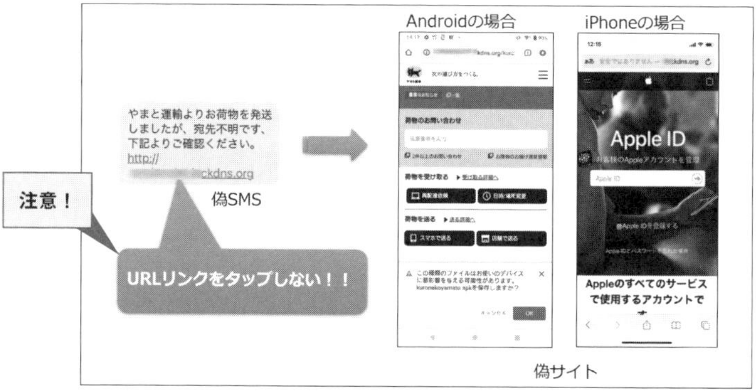

Androidの場合
iPhoneの場合
やまと運輸よりお荷物を発送しましたが、宛先不明です、下記よりご確認ください。
http://
ckdns.org
偽SMS
注意！
URLリンクをタップしない！！
Apple ID
Appleのすべてのサービスで使用するアカウントで
偽サイト

IPA 『URL リンクへのアクセスに注意』
https://www.ipa.go.jp/security/anshin/attention/2021/mgdayori20210831.html
をもとに作成

Facebookのフィッシング事例では、実在する友人の名前でメッセージが送られてくるケースもあります。これは、送信している友人のアカウントが乗っ取られているためです。友人からのメッセージであってもその内容に違和感がないかなど、疑いを持ち対応することが重要です。

図3-9　フィッシングサイトの具体例：Facebookメッセンジャースパム

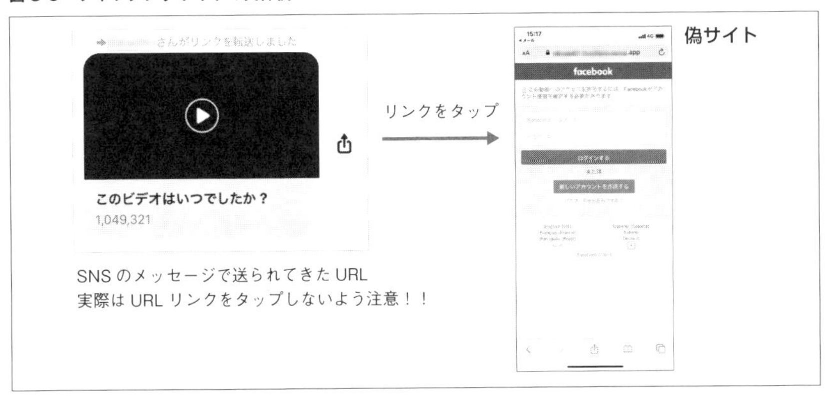

IPA 『Facebookのメッセンジャーに届く動画に注意』
https://www.ipa.go.jp/security/anshin/attention/2020/mgdayori20200819.html
の画像をもとに作成

フィッシング攻撃の対策ポイント

(1) 送信者を確認

メールやSMSを受け取ったら、送信者のアドレスを確認しましょう。不審なアドレスや未知の送信者には警戒しましょう。

(2) リンクと添付ファイルに注意

メールやSMS内のリンク・添付ファイルを開く前に、その信頼性を確かめましょう。不明なリンクや添付ファイルはクリックしないようにしましょう。

(3) IDやパスワードの入力に注意

メールやSMSからの依頼など、普段のサービス利用時と違う流れでのID・パスワードの入力には疑いを持ち、正しいWebサイトなのか確認することが重要です。

フィッシングサイトにID・パスワードやカード情報を入力してしまった場合の対応

フィッシングサイトに気付かずに、情報を入力してしまった場合、インターネットバンキングの預金が不正に送金・引き出されてしまう、クレジットカードが不正に利用されてしまうなどの被害が発生する可能性があります。

フィッシングサイトに重要な情報を入力してしまったと気付いたらすぐに、以下の方法で対処してください。

(1) クレジットカード会社やインターネットバンキングの保守サポートに連絡
　フィッシングサイトに情報を入力してしまったことを伝え、対策の指示を仰ぎましょう。クレジットカードの利用停止や、再発行手続きを行います。

(2) 利用予定だったサービス（偽ではないもの）の保守サポートに連絡
　前述の（1）と同様にフィッシングサイトに情報を入力してしまったことを伝え、対策の指示を仰ぎましょう。

(3) 警察に相談
　フィッシングに対する相談や情報提供を行う窓口を各都道府県警察が提供しています。都道府県警察のフィッシング報告専用窓口一覧
　警察庁HP
　https://www.npa.go.jp/bureau/cyber/countermeasures/phishing.html

(4) パスワード情報の変更
　フィッシングサイトに入力したアカウントのパスワードを新たに設定し直すことが必要です。盗まれたID・パスワードは闇のWebサイトで公開される可能性があります。パスワードの使いまわしをしている場合は、同じパスワードを使っているほかのサービスも含め新たなパスワードに変更することが必要です。

フィッシング攻撃の被害額の割合で最も多いのが、1～10万円未満ですが、その次に多いのが1万円未満となります。被害額が小さい場合、毎月カードで引き落とされていることに気付かないケースも考えられます。

カードの利用明細や、銀行の引き落としなど、身に覚えのない決済がないか日々確認することも大切です。被害の発生に気付いた場合も、すぐに警察や、銀行、クレジットカード会社に連絡しましょう。状況により不正利用被害が補償されるケースもあります。補償される期間制限もあるため、不正利用に気付いた場合はすぐに行動しましょう。

図 3-10　フィッシング詐欺での被害額

0%
20%
40%
60%
80%
100%
全体
(n=140)
30.0
54.3
7.1
2.1
6.4
男性
(n=99)
29.3
56.6
6.1
2.0
6.1
女性
(n=41)
31.7
48.8
9.8
2.4
7.3
被害額 1 万円未満
被害額 1 万円～10 万円未満
被害額 10 万円～100 万円未満
被害額 100 万円以上
覚えていない

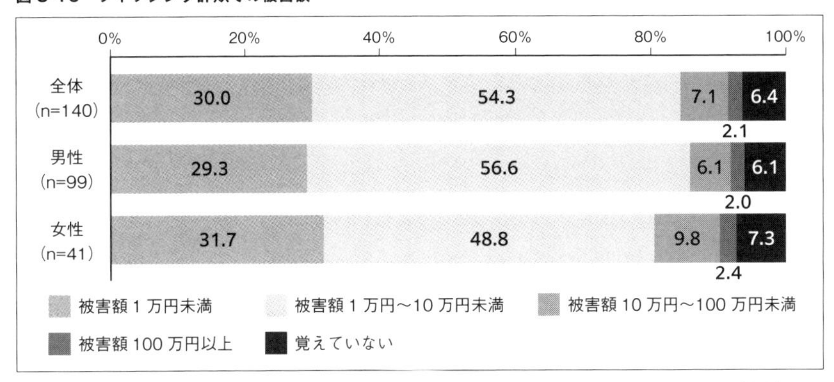

フィッシング対策協議会 「フィッシングレポート 2023」より、「SMS のフィッシング詐欺での被害額はいくらでしたか？複数回ある方は一回あたりの最大額をお答えください。」の結果
https://www.antiphishing.jp/report/phishing_report_2023.pdf
をもとに作成

クイズ　不審なショートメッセージ

右は偽物のショートメッセージです。不審な点はどこでしょうか。3つあります。

IPA 『URL リンクへのアクセスに注意』
https://www.ipa.go.jp/security/anshin/attention/2021/mgdayori20210831.html
より一部抜粋

図 3-11　不審なショートメッセージ（問題）

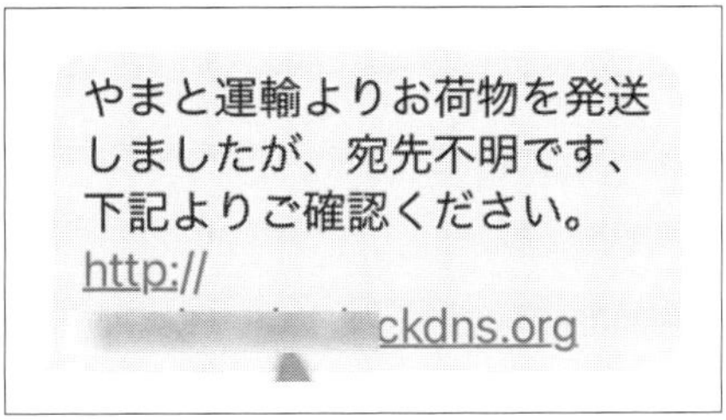

やまと運輸よりお荷物を発送しましたが、宛先不明です、下記よりご確認ください。
http://
ckdns.org

解答

図 3-12　不審なショートメッセージ（解答）

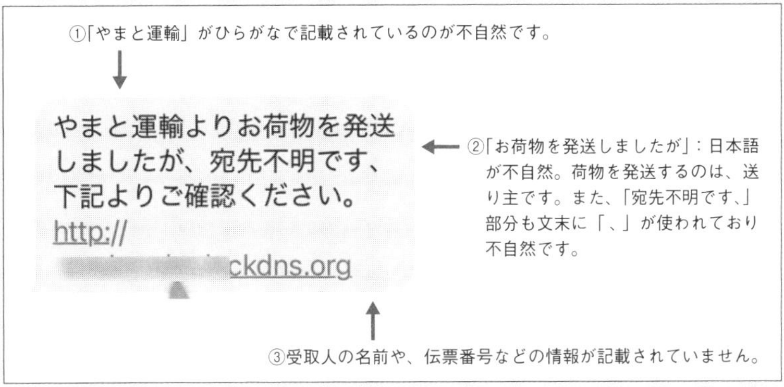

①「やまと運輸」がひらがなで記載されているのが不自然です。
やまと運輸よりお荷物を発送しましたが、宛先不明です、下記よりご確認ください。
http://
ckdns.org
②「お荷物を発送しましたが」：日本語が不自然。荷物を発送するのは、送り主です。また、「宛先不明です、」部分も文末に「、」が使われており不自然です。
③受取人の名前や、伝票番号などの情報が記載されていません。

ショートメッセージでは、文面が短く偽物の有無の判断が難しい場合もあります。URLは注意深く確認する必要があります。

ヤマトホールディングスでは、ショートメッセージによる不在連絡やお届け予定のお知らせは行っていないと明記されています。

https://www.yamato-hd.co.jp/important/info_181212.html

 フィッシング攻撃の動向

フィッシング対策協議会が発行している「フィッシングレポート2023」によると、国内のフィッシング情報の届け出件数は、年々増加していることがわかります。

図3-13　フィッシング情報の届け出件数

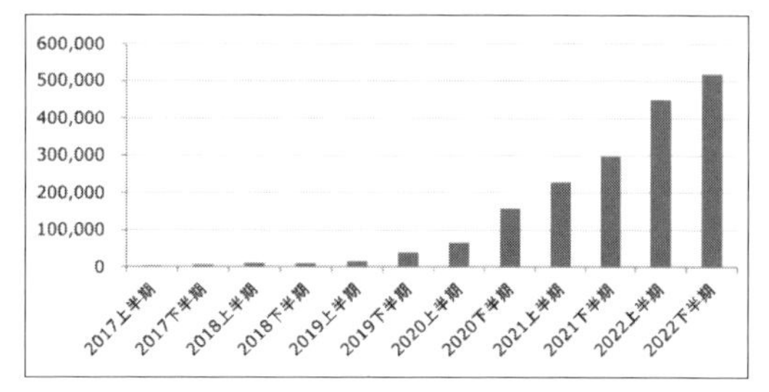

フィッシング対策協議会「フィッシングレポート2023」図1-1
https://www.antiphishing.jp/report/phishing_report_2023.pdf
より引用

SMSを用いたフィッシング詐欺で、何を装ったフィッシング詐欺であったかのアンケート結果が右の図になります。

図3-14　何を装ったフィッシング詐欺か

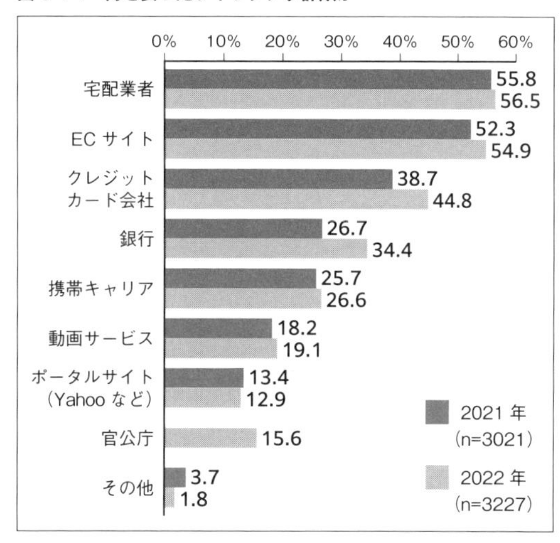

フィッシング対策協議会「フィッシングレポート2023」より、「何を装ったフィッシング詐欺でしたか？※複数回答可」
https://www.antiphishing.jp/report/phishing_report_2023.pdf
をもとに作成

宅配業者やECサイトが上位を占めます。クレジットカード会社や、銀行を装った手口の増加が2021年に比べ2022年では増えていることがわかります。

クイズ　フィッシング攻撃とは？

フィッシング攻撃とは何ですか？

a) 特定の企業や組織に対して行うサイバー攻撃
b) 個人のIDやパスワードを盗む詐欺的なサイバー攻撃
c) インターネット上で迷惑な広告を表示する攻撃

解答▶ b)

フィッシング攻撃は、攻撃者が被害者に偽の情報を提供し、パスワード、クレジットカード番号、銀行口座情報などを窃取しようとする詐欺的なサイバー攻撃です。

クイズ　フィッシング詐欺の語源

フィッシング攻撃の名前の由来は何ですか？

a) 魚釣り（fishing）が語源で、攻撃対象者を釣り上げるという意味である
b) 魚釣り（fishing）と洗練（sophisticated）から作られた造語である

解答▶ b)

フィッシングはphishingという綴りで、魚釣り（fishing）と洗練（sophisticated）から作られた造語であると言われています。

参考URL：
https://www.soumu.go.jp/main_sosiki/joho_tsusin/security/enduser/security01/05.html

クイズ　フィッシング攻撃の対策①

フィッシング攻撃で使われるSMSやメールに引っかからないためにチェックすべき項目は何ですか？

a) 内容に不自然な点がないか確認する
b) アクセス先のURLに不自然な点がないか確認する
c) 両方

解答▶ c)

事例クイズで具体的な内容について紹介しましたが、アカウント情報を入力させるWebサイトへのアクセスがある場合は、フィッシング攻撃かもしれないと疑うことが大切です。

クイズ　フィッシング詐欺の対策②

フィッシング攻撃から身を守るための基本的な対策は何ですか？

a) 不明なリンクをクリックせず、スマートフォンのアプリケーションや事前登録しているURLからアクセスを行う
b) 疑わしいメッセージを無視し、送信者の信頼性を確認する
c) 両方

解答▶ c)

フィッシング攻撃から身を守るためには、疑わしいメッセージを無視し、送信者の信頼性を確認することが重要です。信頼性のある情報源からの連絡かどうかを確認しましょう。また、サービスへは、スマートフォンのアプリケーションから直接アクセスするか、ブラウザーの場合は事前に登録したURL経由でアクセスするなどの対策が有効です。

3.2 ビジネスメール詐欺

ビジネスメール詐欺と呼ばれる攻撃は、対象が会社であり1件の被害額が大きいのが特徴です。クイズを通じてどのようなことが起きるのか体験してみましょう。

ビジネスメール詐欺を疑似体験してみよう

クイズ　社長からのなりすましメールによる詐欺

下記のメールは、社長から役員あてにきた振込依頼のメールです。ビジネスメール詐欺では、普段との違和感に気付き、確認することが大切です。違和感がある箇所はどこか、○をつけてみましょう。また、その理由を考えてください。（複数カ所あります）

図3-15　社長からのなりすましメール（問題）

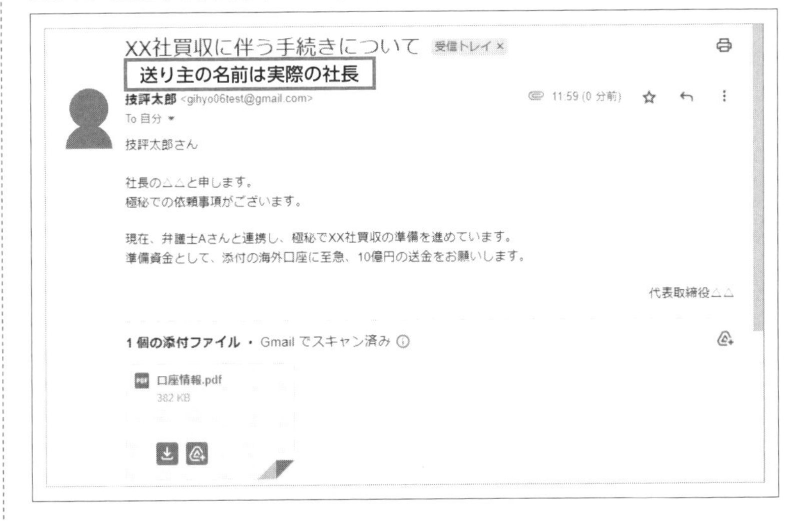

解答

以下が不自然な点になります。

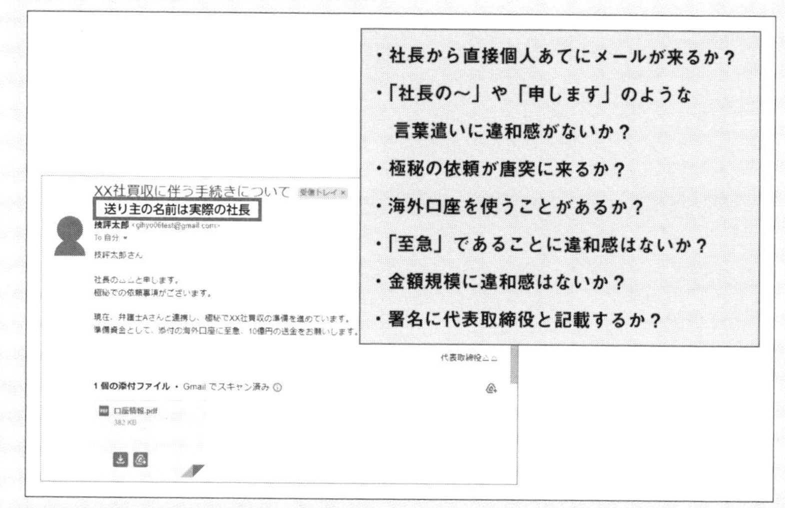

図3-16　社長からのなりすましメール（解答）

上記のようなメールを受信した際、違和感に気付かないと、攻撃者の目的でもある口座への送金を実施してしまうことになります。

依頼の進め方や、対応方法がいつもと違うなどの違和感を覚えたら、メール以外（電話など）の方法で確認を取ることが大切です。また、添付ファイルはマルウェアの可能性もあるため、メールに違和感を覚えたら、開かずに上司や、関係部署に確認しましょう。

ビジネスメール詐欺とは

ビジネスメール詐欺とは、会社の経営層や金銭を扱う経理・財務部門をターゲットに、経営層や取引先になりすまし、金銭をだましとる詐欺です。BEC（Business Email Compromise）とも呼ばれます。

BECは、「ビジネスメール詐欺」以外にも、「ビジネス電子メール詐欺」や「外国送金詐欺」などとも呼ばれています[*6]。

---

*6　参考：IPAビジネスメール詐欺（BEC）の特徴と対策　https://www.ipa.go.jp/security/bec/hjuojm0000003cce-att/000102392.pdf

図 3-17 ビジネスメール詐欺の手口

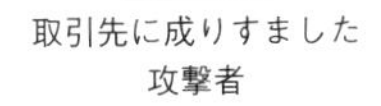

ビジネスメール詐欺の具体例

ビジネスメール詐欺の特徴として、攻撃者は、「経営層」と「取引先」になりすます、2つのパターンに大きく分類されます。それぞれについて説明します。

経営層へのなりすまし

経営者（社長）や企業幹部（役員）になりすまし、権力を利用して、従業員を騙そうとするパターンです。「クイズ」で紹介したような、なりすましメールのイメージです。

攻撃者は、事前に何らかの方法で、経営層の名前や、メールアドレスなどを入手しています。また、ターゲットとなる従業員の名前、メールアドレスに加え、振込業務に携わっているなどの情報も入手しているケースもあります。イメージ図を下記に示します。

メール内容の例としては、「秘密の案件で相談がある」や、「相談したいことがあるので少し時間があるか」といった手口などがあります。

図 3-18 経営者になりすましたビジネスメール詐欺

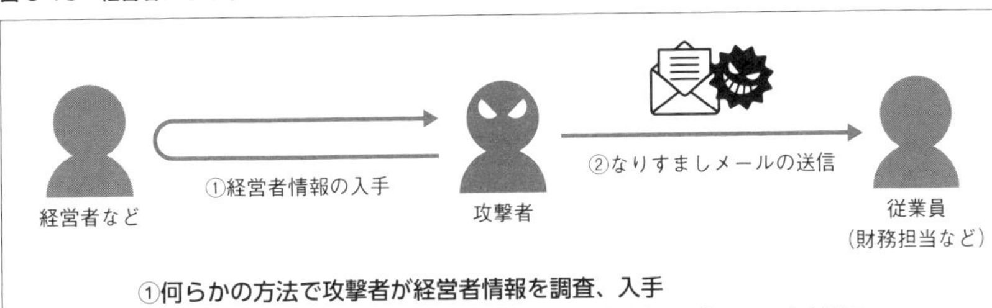

取引先へのなりすまし

攻撃者は、取引先になりすまし、振込口座を変更した請求書を送るなどの方法で送金担当者を騙そうとします。イメージ図を下記に示します。

図 3-19　取引先になりすましたビジネスメール詐欺

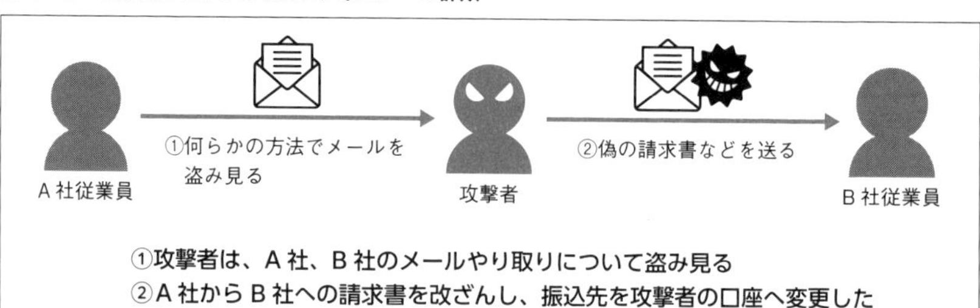

上記の例では、B社従業員は、A社から振込口座変更依頼があったと思い、攻撃者の口座に送金してしまうケースになります。

ビジネスメール詐欺の攻撃者側の流れは、大きく分けて、準備段階と、金銭詐取段階の2つのステップがあります。

上記で説明した2つのパターン、経営層へのなりすましと取引先へのなりすましのイメージ図では、①が準備段階、②が金銭詐取段階になります。

準備段階のステップでは、攻撃者はメールの盗み見や、SNSなどで情報収集を行います。金銭詐取段階のステップでは、ターゲットとメールのやり取りを行い、相手を騙し、攻撃者の口座へ送金させようとします。

 ビジネスメール詐欺の対策ポイント

普段と違うと感じたら正当性を注意深く確認する

メールの内容に違和感を覚えたら、詐欺ではないかと疑うことが大切です。送信元アドレスや、返信先のアドレス、メール本文を注意深く確認してください。

ビジネスメール詐欺では、過去のメールのやり取りの内容を流用しているケースもあり、メールの内容や表現から普段との違いに気付くことが難しいケースもあります。

ビジネスメール詐欺の多くは、海外の銀行口座へ振り込みを要求してきます。そのため、口座変更や至急入金するような依頼は、特に注意が必要です。

メール以外の方法で相手を確認する

不審と感じたら、メール以外の方法（電話など）で確認を取ることが重要です。メールに記載されている電話番号などの連絡先は、偽装の可能性もあるため、信頼できる方法で入手した連絡先を利用するようにしましょう。完全ではありませんが、上記対応でビジネスメール詐欺のリスクを低減できます。

ビジネスメール詐欺に気付いたときの対応

ビジネスメール詐欺に気付いたときは、個人での対応以外に、会社側でも対応が必要です。

個人での対応

・上司や関係者への連絡
ビジネスメール詐欺に気付いた場合、自身の上司や、会社のセキュリティ相談窓口などに即座に連絡し、対策の指示を仰ぎましょう。
また、攻撃者のなりすまし相手である経営層や取引先への連絡も必要です。

・メールの保管
攻撃者から受信した詐欺メールは、警察などへの提供や今後の対策ために必要となる場合もあるため、保管しておきましょう。

会社側での対応

・送金キャンセルを依頼する
攻撃者の口座へ送金が行われた場合は、銀行への送金キャンセル手続きを実施します。しかし、すでにお金が引き出されているなど、回収できないケースが多く発生しています。

・警察や関係機関への通報と相談
詐欺被害に遭った場合は速やかに警察への相談や被害届の提出が必要です。被害経緯など積極的に情報を提供することで、類似被害の低減につながる場合もあります。

・システムによる対策
巧妙なビジネスメール詐欺を受けた時点で、すでに何らかの方法で過去のメールのやり取りが盗み見されている可能性があります。
そのため、PCのマルウェア感染やメールのアカウント乗っ取りなどを疑い対策することが必要です。

主な対策例

・OSを最新にする
・マルウェア（ウイルス）対策製品を最新にする
・メールアカウントのパスワードを複雑なものに再設定する
・スパムフィルターの活用
・DMARC（Domain-Based Message Authentication, Reporting, and Conformance）などのメールの送信者を認証する技術の導入など

ビジネスメール詐欺の動向

米連邦捜査局（FBI：Federal Bureau of Investigation）のインターネット犯罪苦情センター（IC3：Internet Crime Complaint Center）が公開しているインターネット犯罪の統計データから、米国のビジネスメール詐欺の被害額は、年々増加していることがわかります。（各年次報告書をもとに作成）

図3-20　米国におけるビジネスメール詐欺の被害額

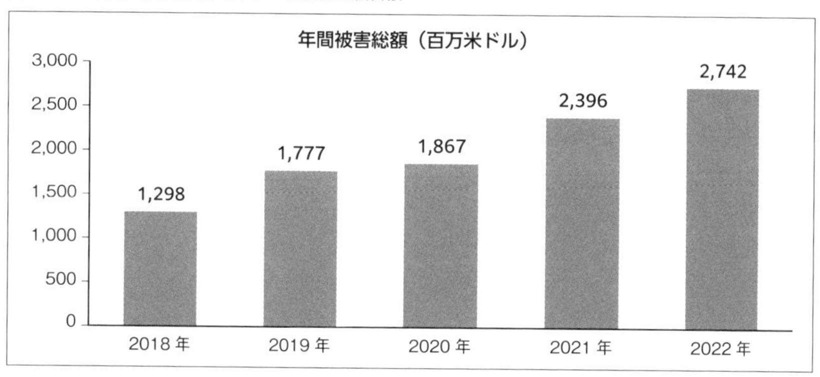

参考：IC3 Annual Reports
https://www.ic3.gov/Home/AnnualReports

ビジネスメール詐欺の多くは、海外の銀行口座へ振り込みを要求してきます。そのため、口座変更や至急入金するような依頼は、特に注意が必要です。

メール以外の方法で相手を確認する

不審と感じたら、メール以外の方法（電話など）で確認を取ることが重要です。メールに記載されている電話番号などの連絡先は、偽装の可能性もあるため、信頼できる方法で入手した連絡先を利用するようにしましょう。完全ではありませんが、上記対応でビジネスメール詐欺のリスクを低減できます。

ビジネスメール詐欺に気付いたときの対応

ビジネスメール詐欺に気付いたときは、個人での対応以外に、会社側でも対応が必要です。

個人での対応

・上司や関係者への連絡
ビジネスメール詐欺に気付いた場合、自身の上司や、会社のセキュリティ相談窓口などに即座に連絡し、対策の指示を仰ぎましょう。
また、攻撃者のなりすまし相手である経営層や取引先への連絡も必要です。

・メールの保管
攻撃者から受信した詐欺メールは、警察などへの提供や今後の対策ために必要となる場合もあるため、保管しておきましょう。

会社側での対応

・送金キャンセルを依頼する
攻撃者の口座へ送金が行われた場合は、銀行への送金キャンセル手続きを実施します。しかし、すでにお金が引き出されているなど、回収できないケースが多く発生しています。

・警察や関係機関への通報と相談
詐欺被害に遭った場合は速やかに警察への相談や被害届の提出が必要です。被害経緯など積極的に情報を提供することで、類似被害の低減につながる場合もあります。

・システムによる対策
巧妙なビジネスメール詐欺を受けた時点で、すでに何らかの方法で過去のメールのやり取りが盗み見されている可能性があります。
そのため、PCのマルウェア感染やメールのアカウント乗っ取りなどを疑い対策することが必要です。

主な対策例

・OSを最新にする
・マルウェア（ウイルス）対策製品を最新にする
・メールアカウントのパスワードを複雑なものに再設定する
・スパムフィルターの活用
・DMARC（Domain-Based Message Authentication, Reporting, and Conformance）などのメールの送信者を認証する技術の導入など

ビジネスメール詐欺の動向

米連邦捜査局（FBI：Federal Bureau of Investigation）のインターネット犯罪苦情センター（IC3：Internet Crime Complaint Center）が公開しているインターネット犯罪の統計データから、米国のビジネスメール詐欺の被害額は、年々増加していることがわかります。（各年次報告書をもとに作成）

図 3-20 米国におけるビジネスメール詐欺の被害額

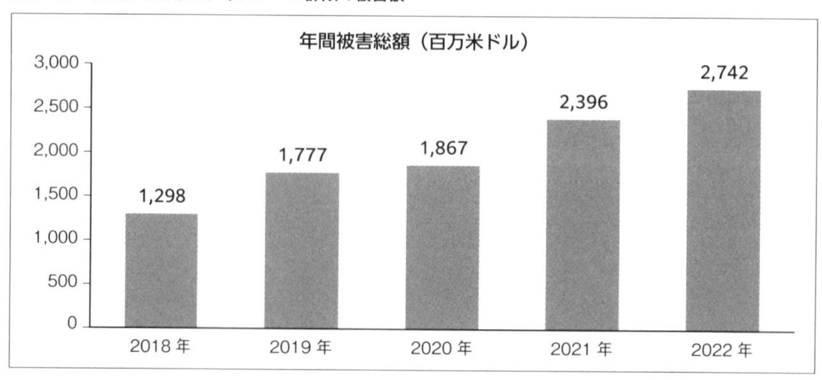

参考：IC3 Annual Reports
https://www.ic3.gov/Home/AnnualReports

また、ビジネスメール詐欺の1件当たりの平均被害額は約2,700万円にもなります（FBI統計データから1ドル＝150円で計算）。

参考：Business Email Compromise: The $43 Billion Scam
https://www.ic3.gov/Media/Y2022/PSA220504

クイズ　ビジネスメール詐欺とは

ビジネスメール詐欺とは何ですか？

a) 振り込め詐欺をビジネス化したもの
b) メール誤送信により被害が発生すること
c) 経営層や取引先になりすまし偽のメールで金銭を騙し取ろうとすること

解答▶ c)

ビジネスメール詐欺とは、会社の経営層やお金を扱う経理・財務部門をターゲットに経営層や取引先になりすまし、金銭を騙しとる詐欺です。BEC（Business Email Compromise）とも呼ばれます。

クイズ　ビジネスメール詐欺の目的

ビジネスメール詐欺犯は、何を目的としていますか？

a) ハッキングの技術力の高さをアピールすること
b) 政治目的実現のためのハッキングを行うこと
c) 金銭的な利益を得ること

解答▶ c)

ビジネスメール詐欺犯は、偽の電子メールアドレスや身分を使用して、被害者を騙し最終的には金銭的な利益を得ることを目的としています。

クイズ　ビジネスメール詐欺の技術

ビジネスメール詐欺で使われる技術要素は何ですか？

a) 会社売上高と詐欺被害額の最適な計算技術
b) 高度なソーシャルエンジニアリング技術
c) 暗号化ソフトウェアの開発技術

解答▶ b)

ソーシャルエンジニアリングとは、人間の心理的な隙や行動のミスにつけ込み重要な情報を盗み出す方法です。(例：偽の経営層が、電話でパスワードを聞き出すなど) ビジネスメール詐欺は高度なソーシャルエンジニアリング技術を使用し、不正に送金させる詐欺行為です。

クイズ　ビジネスメール詐欺の対策

ビジネスメール詐欺の対策としてどのような行動が最も有効ですか？

a) 個人所有のスマートフォンで業務メールの参照を行わない
b) 業務PCのディスク暗号化機能を有効にする
c) メールに違和感を覚えたらその正当性を確認する

解答▶ c)

ビジネスメール詐欺の対策としては、受信者情報やメール返信先情報を確認することが重要です。電話などメール以外で確認することも有効です。

クイズ　ビジネスメール詐欺被害の対処

ビジネスメール詐欺の被害を受けた場合、何をすべきですか？

a) 業務PCを会社のネットワークから切り離す
b) 不審なメールを削除する
c) 会社の上長やセキュリティ専門部署に相談する

解答▶ c)

ビジネスメール詐欺の被害を受けた場合、会社の上司やセキュリティ専門部署に相談し、適切な対策を講じる必要があります。

b) の「不審なメールを削除する」については、警察への被害届や今後の対策のため、メールは削除せず、保管しておく必要があります。

3.3 メールの誤送信

メール誤送信を疑似体験してみよう

メール誤送信による情報漏えいのニュースは、たびたび報道されています。メール誤送信が起きるのは送信者側の勘違いや確認不足によるものが多いと言われています。

ここでは、メール誤送信を疑似体験することで、送信者のやってしまいがちな行動について理解していきましょう。

クイズ　メールマガジンの送信

みなさんは、メールマガジン発信業務を行っています。

これから、多くのユーザーにメールマガジンを送信するところです。

下の図は、誤送信直前のメールです。どこに問題があるか、○をつけてみましょう。また、その理由を考えてください。(1カ所あります。)

図 3-21　送信前のメールマガジン（問題）

解答

上記のメールは、約300人のユーザーにCCでメールを送信する設定になっています。CCでメールを送信した場合は、メール受信者300人に互いのメールアドレスが公開されてしまいます。メールマガジンなどの配信はBCCで行い、受信者に互いのメールアドレスが公開されないようにする必要があります。

図3-22　送信前のメールマガジン（解答）

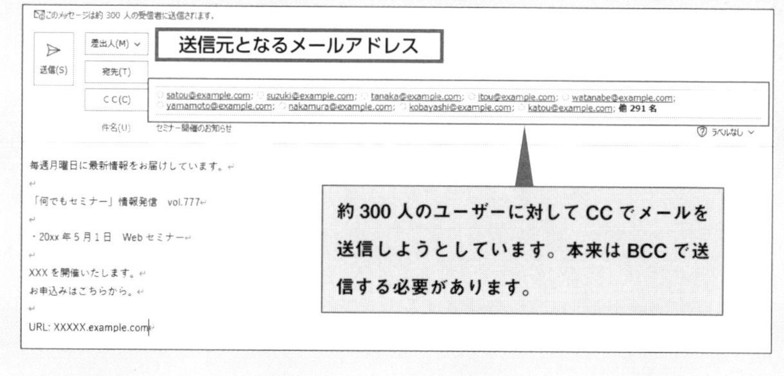

メール誤送信とは

メール誤送信とは、誤ってメールを送信してしまうこと全般を表しています。メールのあて先や、本文の内容、添付ファイルの誤りなどにより発生します。

会社業務でのメール誤送信は、情報漏えいや、信用失墜のリスクがあるため、誤送信が発生しないよう対策することが重要です。

メール誤送信には、下記のようにさまざまな種類があります。

・あて先関連

①あて先入力を間違える（スペルミス、オートコンプリート機能の選択ミスなど）

②BCCで送信すべきメールを、TOやCCで送信し、送信先のメールアドレスが受信者に公開される

③BCCで受信したメールに対し全員返信で応答し、自分がBCCであったことが公開される

④送信先に社外の人が入ったまま、社内に転送する

⑤タイトル誤り

⑥本文誤り、作成途中のメールを送信する
⑦添付ファイル関連
- 添付忘れ
- 添付ファイル誤り
- 添付ファイルの暗号化未実施

3

メールあて先の仕組み

メールのあて先設定には、TO、CC、BCCの3種類があります。よく使うのが、TO、CCです。TOは、メールを届けたいメインの相手のメールアドレスを記載します。CCは、Carbon Copy（カーボン・コピー）の略で、メールの内容を、TO以外のメンバーにも情報共有を行うときに利用するケースが多いです。TOやCCに記載されたメールアドレスの受信者は、互いに誰あてにメールが送信されているかがわかります。

BCCは、Blind Carbon Copy（ブラインド・カーボン・コピー）の略です。BCCに記載されたメールアドレスは、TOやCCのメンバーへは、通知されません。そのため、BCCのユーザーにメールを送っていることを隠しておきたいときに利用します。

例えば、セミナー参加者に一斉にお礼のメールを送るときや、メールマガジンを複数人に送信するとき、TOの送信相手には隠した状態で情報共有をしたいときにBCCが利用されます。下記は、メール画面イメージです。「宛先」欄がTOに該当しています。

図 3-23　CC と BCC を使ったメールのイメージ

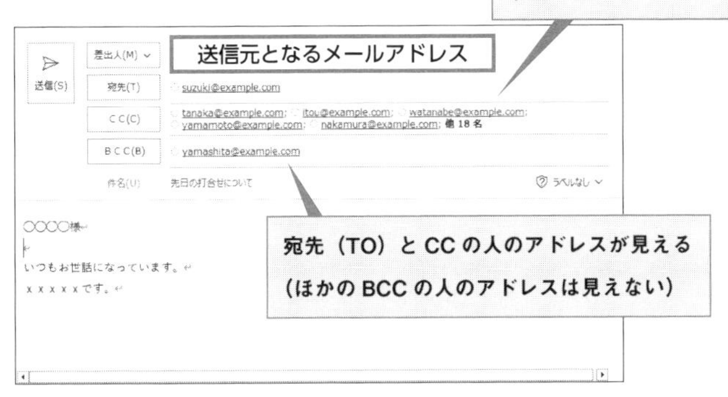

BCCのあて先である「yamashita@example.com」へメールを送信していることは、TO、CCのあて先メンバーからはわかりません。一方BCCのあて先である「yamashita@example.com」からは、TO、CCのあて先のメンバーがわかります。このように、TO、CC、BCCは、送信目的により使い分けします。

メール誤送信の具体例

メールのあて先入力を間違える

あて先入力の間違いは、単なるアドレスの打ち間違いによるケースや、コピーペースト誤り、オートコンプリートによる入力支援機能での入力誤りがあります。

オートコンプリート機能

オートコンプリート機能（Auto-Complete）は、メールのアプリケーションやWebブラウザーなどのアプリケーションで使用される機能の1つです。この機能は、ユーザーの入力中のテキストを予測し、候補を表示して選択や補完をサポートします。
これにより、ユーザーの入力を早めたり、スペルミスを防いだりするのに役立ちます。
メールアプリケーションでのオートコンプリート機能のイメージを下記の図に表しています。

図3-24　オートコンプリート

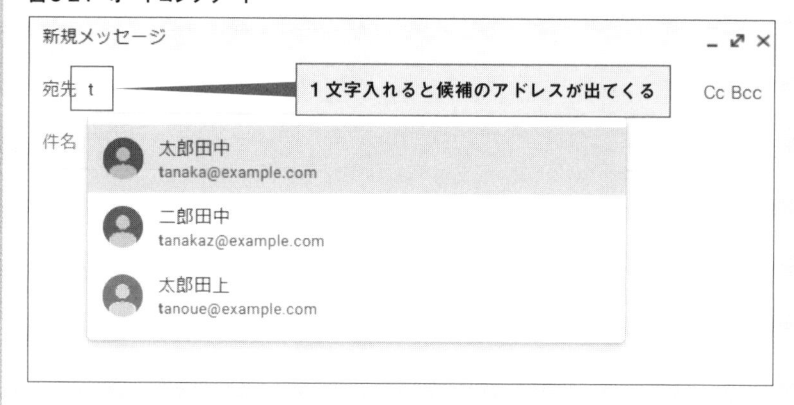

あて先に「t」を入力すると、過去に送受信したメールあて先をもとに「t」から始まるアドレス一覧が表示されます（注：機能詳細はメールアプリケーションにより異なります）。送信実績のあるメールアドレスが表示されるため、ここで選択を誤ると、意図しない相手があて先に設定され誤送信となります。

メールアドレスを手入力する場合のミスでは、存在しないメールアドレスあてになり、誤って送信した場合も、あて先エラーとなり情報漏えいに至らないケースもありますが、オートコンプリート機能では、存在するメールアドレスのため誤送信のリスクが高まります。

企業によっては、メールあて先のオートコンプリート機能を利用できないよう制限しているケースもあります。

BCCへのあて先設定もれのケース

BCCの設定ミスは、情報漏えいとしてニュースになるケースもあります。

メールマガジンや、キャンペーン情報など、多数のユーザーへのメール配信時に、本来BCCで送信すべきアドレスを、TO、CCで送信してしまい、各メール受信者のアドレスが誤って公開されてしまうといった場合です。

筆者もメールマガジン受信時に、BCCではなく、CCとして全ユーザーあてのメールが送信されてきた経験があります。受信者のアドレス情報や、何人に送信されているのかが漏えいしてしまったケースです。

このようなヒューマンエラーはいつでも発生する危険性があることを認識し、関連する業務の方は、細心の注意を払う必要があります。

BCCで受信したメールをBCC受信者が全員返信で応答し、自分がBCCであったことが公開されるケース

このケースは、社内メールのやり取りで発生することがあります。

例えば、課長から部長への業務報告メールのBCCに担当Aさんが入っているケースを見てみましょう。送信されたメールと、そのやり取りのイメージを次に示します。

図 3-25 業務報告メールのイメージ

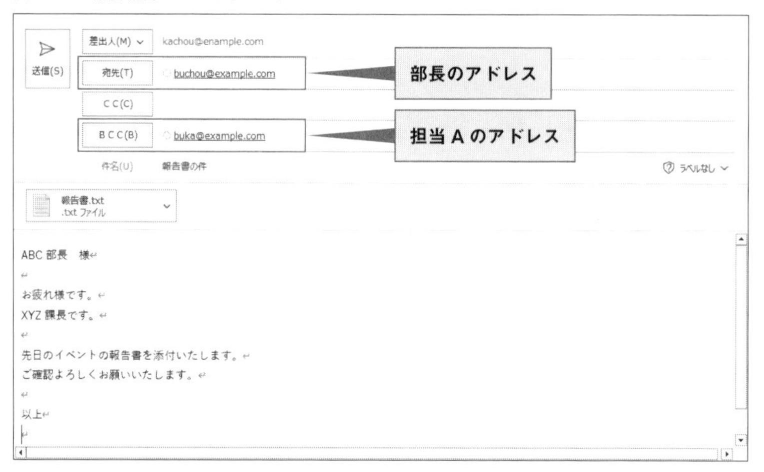

図 3-26 メールの返信先

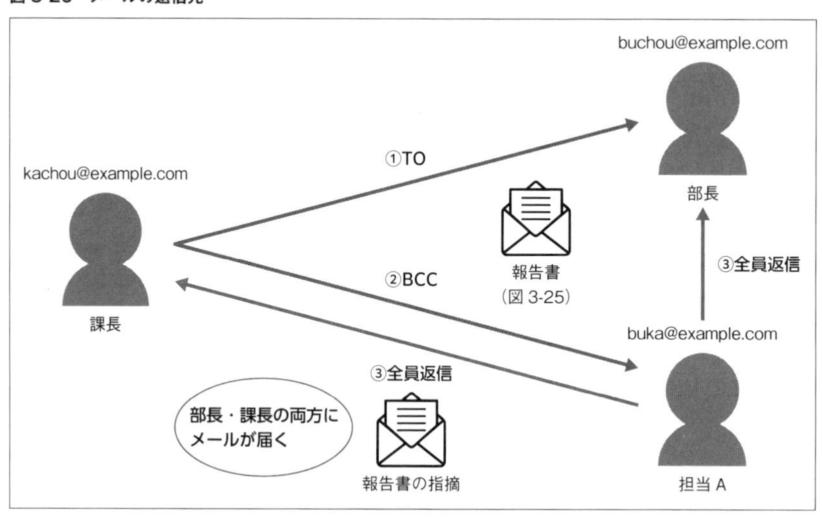

①課長から部長へのあて先（TOでの送信）

②課長から担当Aへのあて先（BCCでの送信）

担当Aさんは、BCCでメールを受信しているため、部長からはメールが担当Aさんにも送信されていることはわかりません。

③担当Aさんから全員返信で課長、部長の両方にメールが届く

担当Aさんが、課長のメールに添付されていた報告書に誤りがあることに気付き、全員返信で指摘事項を送った場合、担当Aさんへメールが BCC で同報されていたことが、部長にわかってしまいます。

この場合、課長は「BCC でメールを同報していたこと」と、「担当Aさんから指摘を受けたこと」の2つの点で、部長からの信頼を失う可能性があります。

BCC で受信したメールへの返信は、全員返信しても問題がないのか確認したうえで、対応する必要があります。

あて先に社外の人が入ったまま、社内に転送するケース

全員返信の機能を利用し業務メールを社内に展開する際、多くの人が CC に入る場合があります。一定人数以上に送信する場合は、すべてのあて先メールアドレスが表示されず、画面上では省略されます。

下記にイメージ図を示します。

図 3-27 宛先の省略

省略されて見えなくなっているところに、社外のメールアドレスが入ったまま、社内でメールがやり取りされてしまうケースがあります。

社内のやり取りの内容には機密事項も含まれることもあるため、受信したメールに全員返信を行う場合は、省略されているメールアドレスを含め送信先として問題がないか確認することが必要です。

そのほかの誤り（タイトル、本文、添付ファイル）

そのほかの誤りとしては、以下があります。

- メールタイトル誤り
- 本文内容の流用誤り、作成途中でのメール送信
- 添付ファイル忘れ
- 添付ファイル誤り

メールタイトルのスペルミスによる誤りであれば情報漏えいなどの可能性は低いですが、ほかのメールを流用する場合は、メールタイトルからも情報漏えいが発生する可能性があります。（送信先と異なるお客さま名がメールタイトルに入っているケースなど）

メール本文もタイトル同様に、ほかのメールや資料の流用を行う場合は、内容が適切であるか確認することが重要です。また、本文作成途中で誤って送信してしまうケースもあります。

添付ファイル関連では、添付を忘れるケースは業務上よく見かけます。本人の気付きや、ほかのメンバーからの指摘により、再度添付ファイルを送信することで対策できるため、大きな問題になるケースは少ないです。

しかし、添付ファイルの内容が誤っている場合は、情報漏えいなどのリスクがあります。

PPAP問題について

PPAPとは、

- Password付きZipファイルを送ります
- Passwordを送ります
- Angouka（暗号化）
- Protocol（プロトコル）

の頭文字を取った言葉で、メールの誤送信対策と情報漏えい防止を目的として広く浸透していました。

図 3-28　PPAPのイメージ

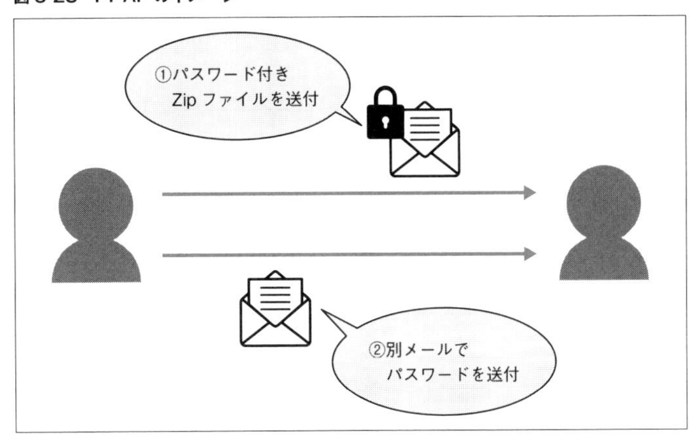

重要なファイルを送信する際など、パスワード付きZipファイルを添付したメールと、パスワードを記載したメールに分けることにより、仮にパスワード付きZipファイルのメールを誤送信や盗聴されたとしても、パスワードがわからないため、漏えいリスクを低減できるというメリットがあります。

しかし、PPAPには下記のような課題がありました。

- メールを2回に分けて送信するのに手間がかかる
- 2通目のメール送信時に、1通目のメールの送信先メールアドレスをコピー＆ペーストした場合は、ファイルを添付したメールとパスワードを記載したメールの両方を誤送信するリスクがある
- ファイルに設定するパスワードを、送信日の日付など単純なものに設定するケースが多く、総当たりの攻撃で破られるリスクがある
- 多くのスマートフォンではZipファイルを開くことができない
- パスワード付きZipファイルは、メールサーバーやPCに導入されているマルウェア（ウイルス）検知機能では解凍しない限り中身をチェックできません。そのため、パスワード付きZipファイルでマルウェアが送られてきた場合に気付くことができず、添付ファイルから感染が拡大するリスクがある、など。

上記の課題もあり、2020年11月に「内閣官房で従来のパスワード付きzipファイルを送る行為（PPAP）を廃止」する方針が発表されました。

発表内容：https://www.cao.go.jp/minister/2009_t_hirai/kaiken/20201124kaiken.html

これに伴い、PPAPを廃止する動きが、企業や自治体でも広がっています。メールの添付ファイルの送信ルールは会社により異なるため、会社の運用ルールの確認が必要です。

個人情報漏えい事故の原因

個人情報の漏えい事故の原因として、メール誤送信が最も多い傾向にあります。具体的な割合について、説明します。以下のグラフは、プライバシーマーク付与事業者の個人情報取り扱いにおける漏えい事故について、報告された事故件数を原因別にまとめたものです。

図3-29　原因別に見た情報漏えい事故報告件数

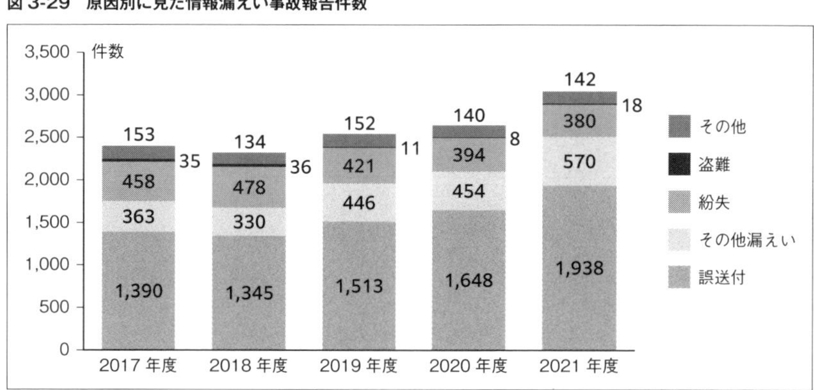

誤送付の割合が毎年最も多く、2021年度には、全体の約64%を占めています。また、誤送付の内訳は、下記のグラフになります。

図3-30　誤送付の内訳（2021年度）

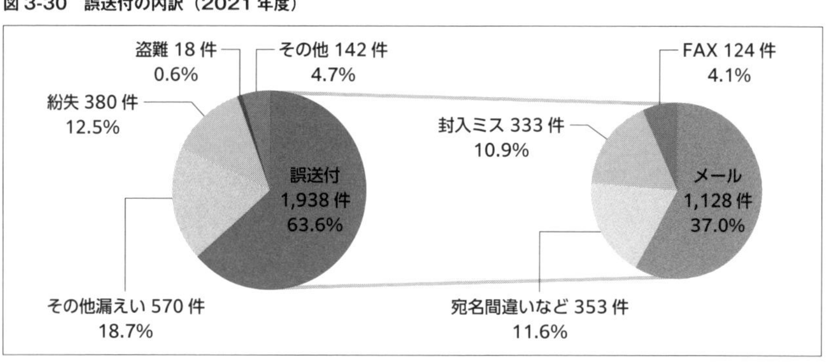

誤送付の中でも、メール誤送信が最も多くなっています（全体の37%）。

図3-29、3-30は、一般社団法人日本情報経済社会推進協会による2021年度「個人情報の取扱における事故報告集計結果」をもとに作成しました。

https://privacymark.jp/system/reference/pdf/2021JikoHoukoku_221007.pdf

メール誤送信の対策ポイント

メール誤送信を防ぐためのポイントは以下のとおりです。これらの対策を実践することで、誤送信のリスクを低減します。

(1) あて先の確認

- 社外への送信時は、アドレスの入力ミスなど注意深く確認する。
  初めて送信を行うメールアドレスは特に注意が必要です。
- 社内への送信時は、社外のメンバーが含まれていないか、同姓同名の誤りがないかなどを確認する。
- 「TO、CC、BCC」のあて先で、BCCで送信すべき相手が、「TO、CC」に入っていないか確認する。
- メール返信時は、「返信」、「全員返信」の選択誤りがないか確認する。
- メールの内容を共有する場合には、「返信」、「転送」の選択誤りがないか確認する。
- メールのオートコンプリート機能で入力されたアドレスが正しいか確認する。
- 不要なメーリングリストが含まれていないか確認する。

(2) メール件名の確認

- メール転送や流用時など、不適切な件名が含まれていないか確認する。
- メールの件名と本文の整合性が取れているか確認する。

(3) メール本文の確認

- 個人情報や機密情報が不必要に記載されていないか確認する。
- メール転送や本文の流用時に、過去の不要なメール本文が含まれていないか確認する。

(4) 添付ファイルの確認

・発信者側の意図と異なるファイルが添付されていないか確認する。
・個人情報や機密情報が含まれていないか確認する。
・添付ファイルは暗号化や参照ロックなどセキュリティ対策を行っているか確認する。
・添付漏れがないか確認する。

メールを誤送信してしまったときの対応

会社業務でメールの誤送信に気付いた場合は、迅速な対応が必要になります。

・上司への報告、相談
・誤送信先へのお詫び、メール削除の依頼
・誤送信の発生原因確認と、再発防止の検討

お客さまへの誤送信のお詫びは電話で実施するほうが、迅速かつ確実です。しかし、連絡先が100件以上など電話による対応では時間がかかってしまう場合は、メールでお詫びのほうが良いケースもあります。なお、個人情報などの重要な情報を漏えいしてしまった場合は、会社として経緯や事実情報の公開、公的な謝罪などの対応が必要になる可能性もあります。

メール誤送信についてクイズを解いていきましょう。

クイズ　メール誤送信とは

メール誤送信とは何ですか？

a) メールの受信者がメールを受け取らないこと
b) テレワーク環境で、メールを送信すること
c) メールを誤ってほかの受信者に送信すること

解答▶ c)

メール誤送信は、メールを意図しない受信者に送信することを指します。操作ミスや勘違いにより、誤ったアドレスにメールを送信することによって発生します。

クイズ　誤送信の原因

メール誤送信の主な原因は何ですか？

a) メール送信者の注意不足
b) インターネット接続の問題
c) メールアドレスのあて先が存在しないこと

解答▶ a)

メール誤送信の主な原因には、あて先メールアドレスの入力ミスや選択ミス、誤ったファイルの添付、送信前の確認不足などがあります。

クイズ　誤送信の対策

メール誤送信を防ぐための一般的な方法は次のうちどれですか？

a) メール送信前に注意深く確認する
b) メール送信フィールドに「BCC」を使う
c) メールの本文に機密情報を含めない

解答▶ a)

メール誤送信を防ぐためには、メール送信前にあて先のアドレス、件名、本文、添付ファイルなどを注意深く確認することが重要です。

クイズ　誤送信した時の対処

メール誤送信が発生した場合、どのような対処が適切ですか？

a) 送信済みフォルダのメールを削除する
b) 受信者に電話やお詫びメールを送信し、誤送信について説明する
c) IT部門に送信済みメールの送信キャンセル依頼をする

解答▶ b)

メール送信は、即時に実行されてしまいます。メール誤送信が発生した場合、速やかに受信者に電話やお詫びメールを送り、誤送信の経緯や影響について説明しましょう。状況に応じて削除依頼などを行いましょう。誤送信が発生した場合は、会社のセキュリティとりまとめ部署などへの報告が必要なケースもあります。

クイズ　誤送信を防ぐ機能

メール誤送信を防ぐために便利な機能は何ですか？

a) 自動返信メッセージ機能
b) 送信前確認ダイアログ機能
c) スパムフィルター機能

解答▶ b)

送信前確認ダイアログは、メールを送信前に送信内容（あて先、添付ファイルなど）の再確認を促す機能です。誤送信を防ぐのに役立ちます。

a) の自動返信メッセージとは、メール送信相手から自動で返信が来る機能です。

「本日はお休みのため返信が明日以降になります」などの連絡を行うときに利用される機能です。

c) のスパムフィルターは、迷惑メールなどを自動で検知し、受信者に不要なメールが届くのをブロックする機能です。

第4章

インターネットとクラウドのトラブル

4.1 個人利用と業務利用とのギャップ

インターネットは、スマートフォンや自宅のPCなど生活基盤の一部として利用されています。個人が当たり前と考えている利用ルールが、会社での業務に当てはめるとやってはいけないことだった、などのギャップがあるため注意が必要です。

業務においてはインターネット利用時の配慮や認識の不足により、情報漏えいや金銭的被害、マルウェア感染などが発生する可能性があります。主な原因としては以下のようなものが挙げられます。

＜業務におけるインターネット利用時のセキュリティ事故原因＞

- 個人のPC・スマートフォンから業務用のクラウドサービスを利用
- 個人のPCに業務情報をダウンロード
- 個人で利用しているクラウドサービスやメールへの業務情報の持ち出し
- SNSへの業務情報アップロード
- SaaS（ファイル共有サービス）の設定ミス
- AIチャットや翻訳などのサービス利用時に業務情報を入力
- 商用利用不可のフリーウェア利用によるマルウェア感染
- 詐欺やフィッシングなど、不審なサイトへのアクセスによるマルウェア感染

クラウドサービスとは

インターネットを利用するうえで、まずクラウドサービスとは何かを理解しておく必要があります。以前は、利用者が物理的にコンピュータを購入して自身のパソコンにソフトウェアを導入（インストール）し、データの作成などを行っていました。

クラウドサービスは、ハードウェア（サーバー、ネットワークなど）や、ソフトウェア、データなど、従来であれば自分で購入・インストールしていたものを、インターネット経由で提供します。クラウドサービスの利用により、いつでも、どこからでも、だれでもコンピュータ・ソフトウェア・データにアクセスできるようになりました。

例えば、YouTubeで動画を見ることや、Gmailでメールをやり取りするのもクラウドサービスの利用になります。

図4-1 クラウドサービスの概要

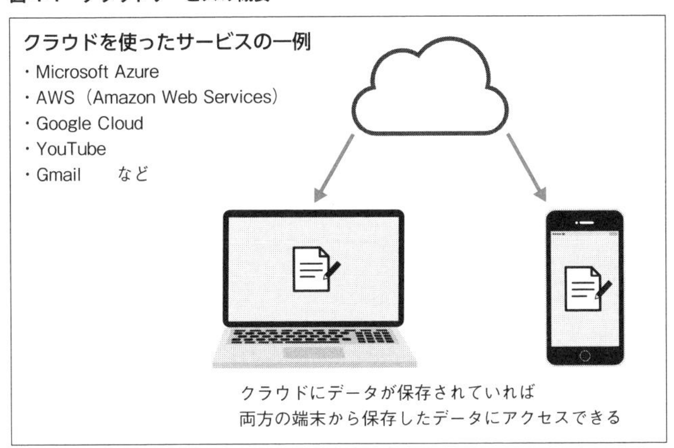

利用者は、動画やメールのデータが物理的にどこに存在するか意識することなく利用できます。このように、利用する情報（ハードウェア・ソフトウェア・データなど）が不特定の場所にあるということから、物理的な実態がない「雲」=「クラウド（Cloud）」と呼ばれるようになったという説があります。（諸説あり）

企業ではどの程度クラウドサービスを利用しているのか？

総務省の「情報通信白書令和5年度版」によると企業の7割以上がクラウドサービスを利用しています。2018年から2022年の企業におけるクラウドサービスの利用状況についてまとめたグラフを次に示します。

図 4-2 企業におけるクラウドサービスの利用状況

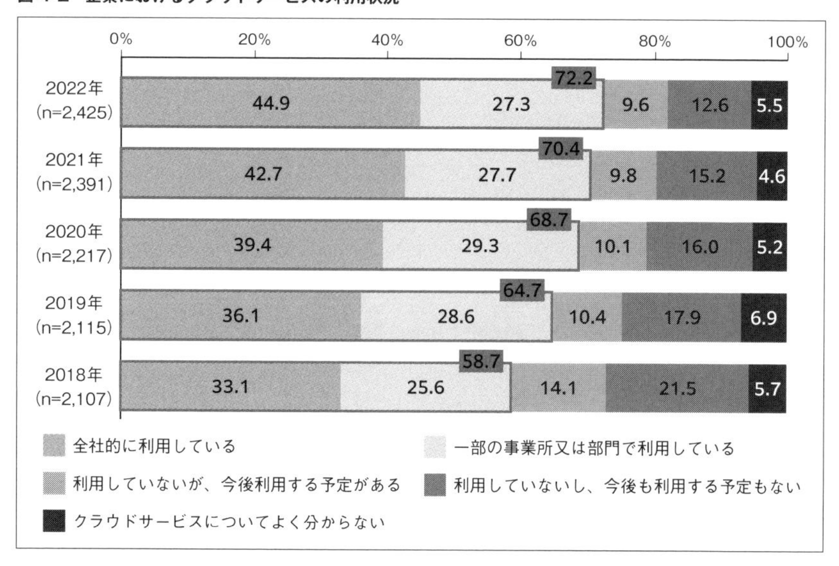

出典

総務省 情報通信白書令和5年版 第4章第8節
https://www.soumu.go.jp/johotsusintokei/whitepaper/ja/r05/html/datashu.html

クラウドサービスの分類

クラウドサービスは、提供するサービスの範囲の違いにより、SaaS、PaaS、IaaSの3つに分類されます。

(1) SaaS

SaaS (Software as a Service) とは、「サース」もしくは「サーズ」と読みます。Microsoft 365などのソフトウェアをインターネット経由で利用者に提供するサービスです。従来であれば、ソフトウェアを動かすために必要となるハードウェア、OSやデータベース、ネットワークやストレージなどを準備する必要がありましたが、それらを意識することなく利用できるサービスです。

2000年代半ばにSaaSという言葉の利用が増えてきました。

当時は雑誌などでSaaSの特集が組まれ、SaaSの普及が進めば、システムエンジニアの仕事がなくなるのではないか？　などと騒がれていたことを覚えています。

SaaSの例としては、以下のようなものがあります。

- Microsoft 365：Word、Excel、PowerPointなど業務で利用するアプリケーションを含むビジネス向け総合パッケージ
- Gmail：フリーメールサービス
- Salesforce：顧客管理システム（CRM: Customer Relationship Management）
- Box：ファイルや写真などを保管するストレージサービス
- Zoom：オンライン会議システム

SaaSの登場により、ソフトウェアやデータを「所有すること」から「利用すること」に変わりました。

(2) PaaS

PaaS（Platform as a Service）は、「パース」と読みます。ソフトウェアを動かすために必要となるプラットフォームを利用者に提供するサービスです。ハードウェア、OSやネットワークなどをサービスで提供します。PaaSはシステム開発者が主に利用するクラウドサービスです。システム開発者は、ハードウェアやOSなどを物理的に準備することなく、すぐにソフトウェア開発に取りかかることができるのがメリットです。

(3) IaaS

IaaS（Infrastructure as a Service）は、「イアース」もしくは、「アイアース」と読みます。サーバーなどインフラとなる物理的なIT資産をサービスとして提供します。利用者自身で、どのOS（WindowsやLinuxなど）を利用するか、どのデータベースを利用するかなどを自由に決めることができます。

IaaSのメリットは、PaaSに比べ汎用性が高い点にあります。IaaSの利用により、物理的なハードウェアを購入する必要がなく、経年劣化による定期的なシステムリプレースが不要となります。必要なときに必要なだけサーバーなどの処理能力を利用できます。

SaaS、PaaS、IaaSの違いを下記の図に表します。

図 4-3　SaaS、PaaS、IaaS イメージ

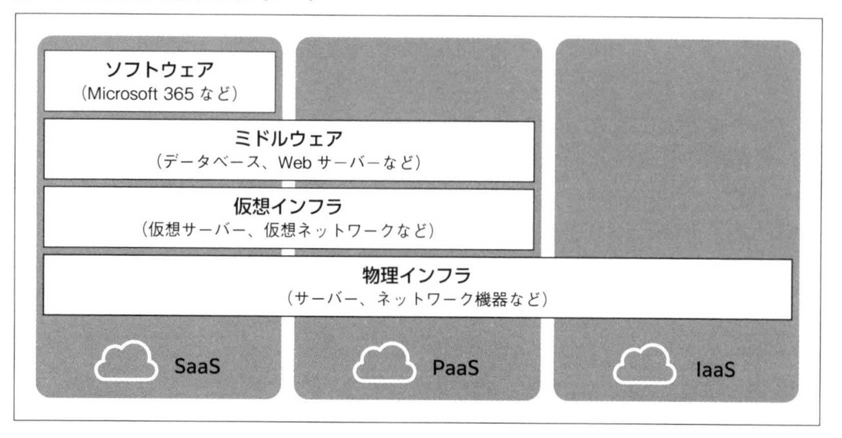

クラウドサービスへの理解は深まったでしょうか。それではここから、前述した<業務におけるインターネット利用時のセキュリティ事故原因>の各項目について、問題点や対策を考えていきましょう。

個人のデバイスから業務用のクラウドサービスを利用するリスク

便利なクラウドサービスですが、リスクもあることを知っておきましょう。

クイズ　クラウドサービス利用のリスク

下記、Aさんの行動は、セキュリティの観点から問題があります。どのような点が問題か考えてみましょう。

新人のAさんは、金曜日に業務が終わらなかったため、週末に自宅で残りの業務を進めたいと考えました。会社で利用しているMicrosoft 365のメールやWord、Excelは、IDとパスワードを知っていれば、社外からも利用できます。そのため、Aさんは、週末に個人所有のPCで自宅から会社のMicrosoft 365にアクセスし、メール処理や資料の作成などを行いました。

図 4-4　クラウドの個人利用のイメージ

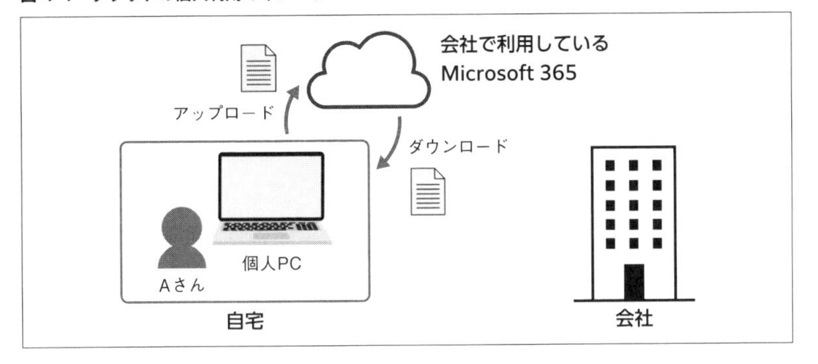

解答

　セキュリティ観点では、個人所有PCでの業務は基本的には禁止です。（会社の規則として許可されているケースもあります。）

　利用した場合、下記のようなリスクが考えられます。

・個人所有PCがマルウェアに感染していた場合、クラウド環境を悪用され会社側にマルウェア感染の被害が広がる可能性があります。例としてイメージ図を下記に示します。
　①個人所有PCがマルウェアに感染
　②マルウェア付きファイルを会社のクラウドにアップロード
　③マルウェア付きファイルを業務PCにダウンロード

　これにより、業務PCがマルウェアに感染し、被害が発生する可能性があります。

図 4-5　クラウドの個人利用のリスク

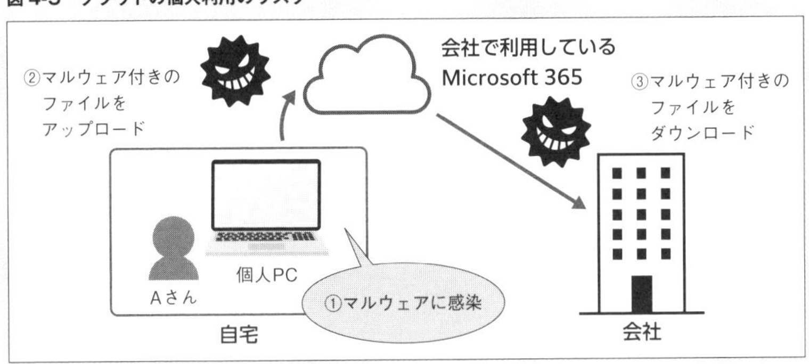

個人のPCに業務情報をダウンロード

個人所有のPC上に業務データが保存された時点で、会社から管理できなくなり情報漏えいとなります。そのPCがマルウェアに感染していた場合、業務情報が拡散してしまう可能性もあります。

セキュリティ観点では、「できること＝やっていいこと」ではありません。クラウドサービスの特性上、個人所有のPCでの業務もできてしまうケースもありますが、やってもよいかは別の話になります。

個人所有PCの業務利用については、会社ごとに考え方が異なりますので、関係部署に確認してみましょう。

4.2 身近に存在する情報漏えいのリスク

個人で利用しているクラウドサービスやメールへの業務情報の持ち出し

Microsoft 365や、ストレージ共有サービスのBoxなどのクラウドサービスは、個人で契約できます。個人で契約したクラウドサービスに、業務データを持ち出すことも、セキュリティ観点ではNGです。（会社のセキュリティ環境によっては、個人利用のクラウドサービスへの情報持ち出しを制限する仕組みを導入しているケースもあります。）

個人利用のSaaSに持ち出したデータは会社で管理ができなくなり、先ほどの個人所有PCへの業務情報ダウンロードと同様、その時点で情報漏えいとなります。

なお、個人利用のSaaSへのデータ持ち出しも、データ持ち込みも、情報漏えいやマルウェア感染などのセキュリティリスクがあるため、業務での個人SaaSの利用は禁止しているケースが一般的です。（例外もあります。）

個人のメールへの業務データ持ち出しも一般的に禁止されています。脆弱なパスワード設定が原因となり、個人で利用しているメールが第三者にハッキングされ、メールに添付したファイルが漏えいしたというセキュリティ事故も過去に発生しています。

このように、許可なく会社管理外の環境に情報を持ち出すことは、情報漏えいリスクの原因となるため注意が必要です。

図 4-6 クラウドの情報持ち出し

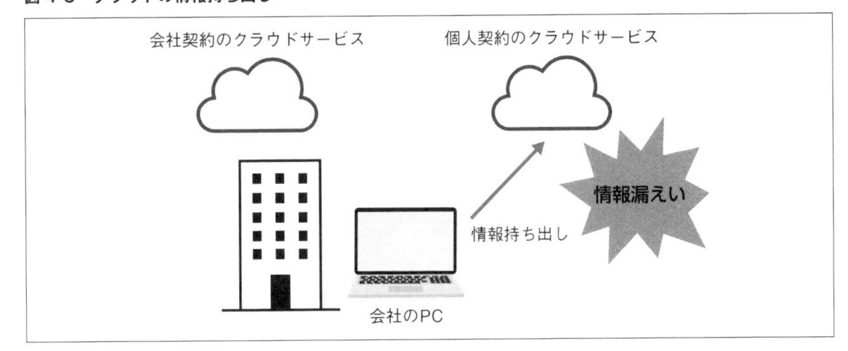

SNSへの業務情報アップロード

SNS（ソーシャルネットワーキングサービス）は、日常的な会話のように利用されています。FacebookやX（旧Twitter）などを利用している方も多いでしょう。例えば、他人の写真のアップロードや、個人名や住所情報などの公開は気を付けるなど、セキュリティについても比較的意識されているのではないでしょうか。

アルバイト先で、仕事の情報のSNS掲載は不可という規則があった方もいるかもしれません。

このように、SNS利用時にセキュリティを意識しているにも関わらず情報漏えいが発生するケースもあります。どのようなケースがあるのか、早速クイズを解いていきましょう。

クイズ SNS投稿のリスク

新人のAさん、BさんのSNSでの会話です。

会話の内容からどのようなセキュリティリスクが考えられるでしょうか。

図 4-7 SNS投稿

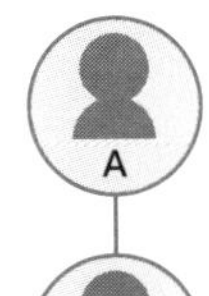

Aさん @asan12345
今日も深夜まで仕事で疲れた～。
でも、これが世の中に出ればすごいインパクトがあるよね！

B

Bさん @bsan6789
返信先 Aさん
お疲れさま！来月には、ついに新製品がでるね。
落ち着いたら飲みに行こう！

解答

Aさん、Bさんの会話では、具体的な話題ではなく、つぶやきに近い内容のため特に問題はないように見えます。しかし**SNSでは、自分の会社名や個人名などを公開しているケースも多く、先ほどのような会話であっても、自身が所属している会社が来月に新製品を発表するという情報をリークしてしまうことになり、株価への影響なども懸念されます。**単一製品のみを扱う会社であれば、製品まで特定されてしまう可能性もあるのです。

このように具体的な内容でなくても情報漏えいにつながるケースがあるため、業務に関する内容をSNSに投稿しないようにしてください。

また、SNSには投稿した内容の公開範囲を限定できる機能があります。例えばX（旧Twitter）では、投稿内容の表示をフォロワーのみに限定できます。この機能を利用するアカウントは、「鍵付きアカウント」や「非公開アカウント」と言われています。鍵付きアカウントであれば、フォロワーが投稿内容をリポスト（リツイート）することはできません。しかし、投稿内容のコピーや画面キャプチャーなどはできるため、内容が漏えいする可能性はあります。非公開設定を行っている場合も、業務情報に関する投稿は控えることが賢明です。

SNS経由で情報漏えいが発生したそのほかのケースとしては以下のようなものがあります。

- 会社内で撮影した私的な写真にモニターや書類が映っており情報が漏れた
- 家族内で、会社のCMで出演予定のタレントについての話をしたところ、子どもがSNSに情報を掲載しCM放映前にリークされてしまった

2つ目の例のように、業務内容が家族から漏えいする危険性もあります。業務内容については、守秘義務を意識し行動することが重要です。

SaaS（ファイル共有サービス）の設定ミス

第3章でPPAPについて説明しましたが、メールへのファイル添付によるデータ共有は減る傾向にあります。それに変わり、Box、Dropbox、Microsoft OneDriveなどのクラウドサービスを活用したファイル共有が増えてきています。

ファイル共有サービスの利用によるセキュリティリスクは、利用者側の設定や、運用ミスにより発生するケースもあります。具体的に見ていきましょう。

(1) 共有アクセス権設定ミス

クラウド上でファイルを共有することで、社内メンバーだけでなく社外メンバーともファイルの共有が可能となりますが、ここで気を付けなければならないのが共有時の設定です。ファイル共有設定時にアクセス権の範囲を誤って設定してしまうと、社内のみで参照可能なファイルが社外からも参照できてしまい、情報が漏えいする可能性があります。

アクセス権の設定を間違わないためには、設定者本人による確認とは別に、ほかのメンバーによる確認も行う、二重のチェック運用が効果的です。

テレワーク環境の場合は、デスクトップ画面を共有し設定内容を本人とその上司で確認を行うというルールで運用している会社もあります。

(2) 保存ファイル配置ミス

ファイル共有サービスでは、ファイルの作成、参照、移動、削除などの操作は、エクスプローラーやWebブラウザーで実施できるケースが多いです。ここで気を付けたいのがファイルの移動です。ドラッグ&ドロップでファイルを移動させ任意の場所に配置することができますが、このときに、誤って想定外の場所に配置してしまう可能性があります。

エクスプローラーでの共有フォルダイメージを下記に示します。

図 4-8 共有フォルダイメージ①

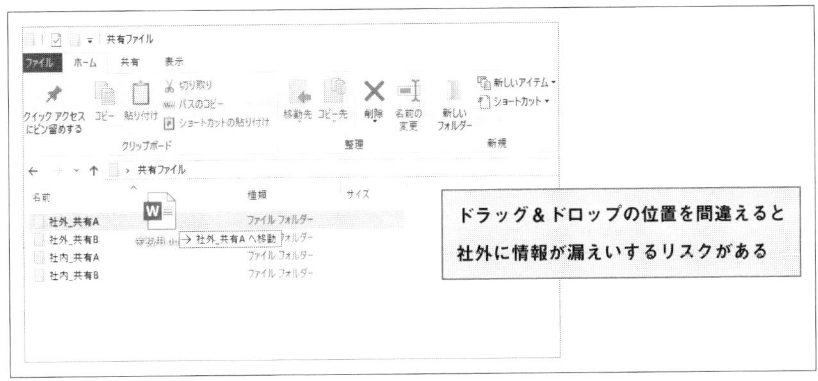

社外メンバーとのファイル共有フォルダは、名前部分に「社外」と入れています。先ほどの図では、「社外_共有A」、「社外_共有B」が該当します。

ここで、社外秘資料を「社内_共有A」に保存するつもりが、誤って、その上の「社外_共有A」に配置してしまうとどうなるでしょうか。ファイルを配置した瞬間に社外向けに公開されてしまい、情報漏えいが発生してしまいますね。

社内、社外のフォルダが混在した環境では、ファイル誤配置のリスクが高まります。対策としては、運用時は、より下層のフォルダまで進んでからのファイル配置が重要です。下図のように「社内_共有A」のフォルダ配下まで進んでから、ファイルをドラッグ&ドロップで配置する運用です。

図 4-9　共有フォルダイメージ②

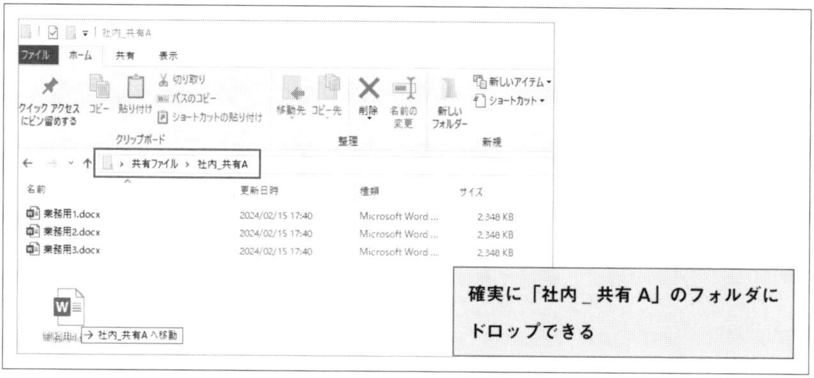

(3) ファイル共有リンクの拡散や誤送信

ファイル共有サービスの機能として、共有したいファイルのURLリンクを取得することができます。このURLリンクのアクセス設定を「リンクを知っている全員」とすると、ファイル共有サービスにログインすることなくファイル参照が可能になります。リンクを知っていると誰でもアクセスできるため、関係ないメンバーが参照しても問題に気付くことができず、情報が漏えいしてしまう可能性があります。

対策としては、以下の項目が考えられます。

- ファイル共有サービスの利用は、社内のみなど限られた範囲とする
- 社外向けには一般公開されている情報のみを対象にする

・URLリンクのアクセス設定を行い、公開範囲は最小限とする
・利用期間を設定し、期限を過ぎればURLリンクが利用できなくなるなどの定期的な棚卸を実施する　など

ファイル共有サービスの利用は、利用者側の操作、設定ミスにより情報漏えいにつながる可能性があります。紹介した対策の実施などリスクは減らすようにしましょう。

AIチャットや翻訳などのサービス利用による情報漏えい

業務上、英語でのメールのやり取りや、英語のドキュメントを読んだり、作成したりするケースもあるでしょう。そのようなときに便利なサービスとして、Webにテキストデータを書き込むと自動で翻訳してくれるものがあります。

例えば、GoogleやDeepLといった翻訳サービスです。

・Google翻訳サービス
https://translate.google.co.jp/

・DeepL翻訳サービス
https://www.deepl.com/ja/translator

図4-10　翻訳サービスイメージ

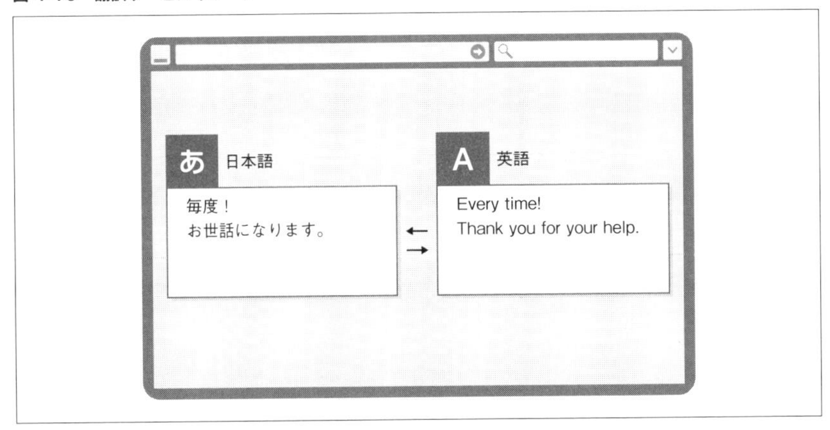

これらのサービスを翻訳ツールとして活用しているケースも多いのではないでしょうか。ユーザーにとっては便利なツールですが、翻訳にあたり業務情報を入力する必要があることから、セキュリティ観点からは、社外のサービスに業務情報を漏らす作業をしていることになります。

実際に翻訳サイトから情報漏えいが発生したケースもあります。有名な企業や官公庁のメール、弁護士と依頼者のやり取りのメール、採用情報など、個人や企業が特定できる情報の原文と訳文がインターネットに公開されていたというケースです。怖いですね。

翻訳サービスでは、「サービス向上や新サービスの開発のためにのみ使われる」のように、利用規約に情報の取扱いについて記載されています。

翻訳サイトを利用するときは、利用規約を事前に確認することが大切です。企業の機密情報については、情報漏えいの観点から翻訳サイトは利用しないことをお勧めします。

外部のサービスで機密情報を翻訳することを禁止している企業もあります。また、企業によっては、社内で翻訳サービスを提供しているケースもあります。

生成AI（人工知能）を使ったサービスの利用についても、翻訳サービス利用時と同様にセキュリティ観点での対策が必要になります。従来のAIは、学習した情報から最適な情報を選択することを得意としていましたが、生成AIは、さらに新しいテキスト、画像、音楽、プログラムソースコードなどを作成することができます。

生成AIの中で、人間とAIがテキストでやり取りを行うのが、AIチャットです。ChatGPTなどが有名ですね。AIチャットについても翻訳サービスと同様に利用規約を確認し、企業の機密情報については、書き込まないことをお勧めします。

ChatGPTでは、利用者が入力した情報について、ChatGPTが学習のために利用しないように設定すること（オプトアウト）が可能です。これにより利用者の入力情報からの漏えいリスクを低減することができます。しかし、学習しないように設定したから機密情報を書き込んでも大丈夫、ということにはなりません。AIチャットの業務利用は、会社ごとに考え方が異なります。機密情報の書き込みを禁止している企業もあるため、AIチャットを業務で利用する際には事前に会社の関係部署に確認を行いましょう。

AIチャットの利用による業務効率化と情報漏えい対策の観点から、企業内で独自にAIチャットサービスを提供するケースもあります。

フリーウェア利用によるマルウェア感染

インターネットから無料でダウンロードできるソフトウェア（フリーウェア）をデータの圧縮や、作業の効率化などで利用するケースもあります。手軽に利用できるため個人のPCにインストールしている人もいるのではないでしょうか。フリーウェアの中には、個人利用の場合は無料でも、業務利用の場合は、有料となるものがあります。利用条件は製品ごとに異なるため、事前に確認が必要です。個人のPCで利用しているからといって、同様に会社のPCに勝手にインストールしてしまうと、ライセンス違反になる可能性もあるため注意してください。

また、フリーウェアには、マルウェアが潜伏していることもあります。そのため会社のPCには、安易に導入しないことをお勧めします。

多くの企業では、業務で使うソフトウェアは、会社側で管理しており、会社が許可したソフトウェアのみを利用することがルールになっているのではないでしょうか。フリーウェアを利用する場合は、申請が必要なケースもあるため、詳細は会社の関係部署に確認しましょう。

不審なサイトへのアクセスによるマルウェア感染

Webの閲覧時には、詐欺やフィッシングを含めた不審なサイトにアクセスしてしまう可能性があります。不審サイトへのアクセスは業務外でのネットサーフィン時に発生することも多いため、業務に関係のないWebサイトの閲覧は、しないことをお勧めします。

Webサイトへのアクセスは、情報漏えいの観点と、マルウェア感染の観点で注意が必要です。

情報漏えいの観点では、第3章で説明した、フィッシングサイトなどにアクセスし、ID・パスワードや個人情報、業務情報などを入力するケースになります。入力時に正しいサイトなのか、必要な情報入力なのか注意深く確認してください。

マルウェア感染の観点では、Web閲覧中にアプリケーションのインストールを促す指示が表示されたり、OSやマルウェア対策製品が不審な動きを検知したりした場合は、安易に判断せず、上司や関係部署に確認しましょう。Web閲覧によるマルウェアの感染は次の節で詳細を説明します。

4.3 クイズでわかるインターネットのリスク

インターネットの個人利用と業務利用とのギャップについて、クイズを解いていきましょう。

クイズ　クラウドサービス

クラウドサービスの一種であり、インターネット経由で利用可能なアプリケーションやソフトウェアを提供するものは次のうちどれですか？

a) IaaS
b) PaaS
c) SaaS

解答▶ c)

SaaSは「Software as a Service」の略であり、Webブラウザーやスマートフォンアプリケーションで利用可能なサービスを指します。ユーザーは自身のデバイスからインターネット経由でこれらのサービスにアクセスできます。

クイズ　個人所有PCのリスク

個人端末で業務を行う際の主なセキュリティリスクはどれですか。すべて選択してください。

a) 個人所有PC上に業務データがダウンロードされることによる情報漏えいリスク
b) 個人所有PCがすでにマルウェアに感染しておりマルウェアが会社クラウド環境に影響を与えるリスク
c) 個人所有PCのハードウェアの性能が足りないため、業務効率が下がるリスク

解答▶ a)、b)

個人所有PCを業務で利用することは、情報漏えいとマルウェア感染のリスクが発生します。また、個人所有のPCにインストールしているフリーウェアのライセンスが商用利用扱いになるのかどうかを確認する必要があるなど新たな課題が発生します。個人所有PCの利用は会社として禁止しているケースが多いです。

クイズ　SNSのセキュリティリスク

SNSへの情報アップロードによるセキュリティリスクは何ですか。すべて選択してください。

a) マルウェアに感染する可能性があること
b) 写真の情報から撮影場所などが推測されてしまうこと
c) 意図せず個人情報や機密情報を開示すること

解答▶ b)、c)

SNSへの情報アップロードによる漏えい事故では、意図せずに機密情報やプライバシーに関わる情報を投稿・共有し、漏えいにつながることが多くあります。

クイズ　AIチャットのセキュリティリスク

AIチャットを利用する際、やってはいけないことは何ですか。

a) アイデア出しのために一般的な質問をAIに繰り返し行うこと
b) ユーザーがAIに機密情報を入力すること
c) AIに自分の上司の役割を依頼し、作成した文章（機密情報ではないもの）を上長視点で指摘してもらうこと

解答▶ b)

AIチャットを使用する際、ユーザーが意図せず機密情報を入力すると、その情報が漏えいするリスクが生じます。情報漏えいの観点から、機密情報の

AIチャットへの入力は控えましょう。

クイズ　マルウェア感染対策

Webサイトからのマルウェア感染を予防するための基本的な手段となるものをすべて選択してください。

a) セキュリティソフトウェアやOSを最新にする
b) 信頼できないサイトからのソフトウェアダウンロードを行わない
c) Webブラウザーのセキュリティ設定を有効にする

解答▶ a)、b)、c)

Webサイトからのマルウェア感染を予防するには、PCのセキュリティソフトウェアやOSのバージョンを最新にすることが大切です。また、信頼できないサイトへのアクセスや、信頼できないサイトからのソフトウェアダウンロードは、行わないことが重要です。

Webブラウザーのセキュリティ設定では、ポップアップ広告のブロックや危険なサイトへのアクセス制御の機能を有効にすることが大切です。

4.4 インターネット利用の脅威とモラル

インターネットを利用する場合、日常生活では想定できないようなトラブルに巻き込まれる可能性があります。

監視カメラの映像が裏で公開されるリスク

防犯カメラや監視カメラは、駅や商業施設、病院など公共の場だけでなく、住居のエントランスや育児施設などみなさんの身近な場所までさまざまな場所に設置されており、その多くがネットワークに接続されています。これらのカメラを設置する目的は、防犯や店舗の混雑状況、トラブルの記録などの状況把握です。

最近では、家族の帰宅状況の把握や、飼っている動物の状況確認など、利用範囲が拡大し、個人利用の普及も進んでいます。

このように、状況把握などに便利なカメラですが、その利用にはリスクも潜んでいます。ネットワークに接続されたカメラの、管理者ID、パスワードが漏えいしてしまうと、他人にカメラの映像を覗き見される可能性があるのです。

実際に、乗っ取られたカメラの映像がリアルタイムでインターネットに公開されています。「まさか」と思うような話ですが、insecamというロシアのWebサイトに、世界中の乗っ取られた監視カメラの映像が公開されています。カメラの初期パスワードを変更せずに利用していることにより、乗っ取られてしまい、第三者に覗き見されている状況です。掲載されているカメラの数が最も多いのがアメリカ（約1,100）、次いで日本（約600）となっています。

insecamは、過去にニュースになったこともあります。そのため、ニュースを見た人がカメラの初期パスワードを変更するなどの対策を行ったため、insecamで公開されている日本のカメラの数は減少傾向にあります。

ネットワークカメラに限らず、工場出荷時に設定されている初期パスワード、「12345」、「0000」、「admin」、「password」などを変更せずに、インターネットに機器を接続すると乗っ取られるリスクがあります。対策としては、初期パスワードを変更することです。ネットワークカメラを含め、自宅のネットワーク機器などの初期パスワードは、複雑なものに変更することが大切です。

なお、insecamのサイトは、会社業務とはまったく関係のないサイトになりますので、会社のPC・ネットワーク環境からのアクセスは控えるようにしてください。

被害が急増している偽ショッピングサイト

偽のサイトの中でも、偽ショッピングサイトによる被害は近年増加傾向にあります。

偽ショッピングサイトとは

偽ショッピングサイトとは、商品を購入しお金を支払ったが、商品が届かない、届いた商品が偽物であった、連絡先につながらないなどの被害に遭う詐欺サイトを指します。偽ショッピングサイトは正規のショッピングサイトを装うケースもあります。

偽ショッピングサイトを利用した場合の流れを下記に示します。

①Web広告などからショッピングサイトへアクセス
②接続先の偽ショッピングサイトで購入する
③偽物や粗悪品が届いたり、買ったものが届かなかったりする

国民生活センターの統計によるとインターネット通販の偽サイトに関する相談は、2021年度と比べて、2022年度は、2倍の件数となっており、被害が増加しています。

出典

独立行政法人国民生活センター
その通販サイト本物ですか！？“偽サイト”に警戒を！！
-最近の“偽サイト”の見分け方を知って、危険を回避しましょう！-
URL：https://www.kokusen.go.jp/news/data/n-20230130_1.html

偽ショッピングサイトの特徴

偽ショッピングサイトの被害に遭わないためには、サイトの特徴を知り、不審と感じた場合は、そのサイトの利用を控えることが重要です。

偽ショッピングサイトに多い特徴は、以下になります。

- 見慣れないURLが多い。 http://○○○.xyz、http://○○○.top など
- 「本日限定」「タイムセール」など、購入を急がせる
- 価格が相場に比べて安い
- 支払方法が銀行振り込みのみである
- 銀行の振り込み先が個人名や、外国人名となっている
- Web内の日本語表記が不自然である

上記の特徴に当てはまるショッピングサイトの利用は控えましょう。不審なサイトについて、無料で信ぴょう性を確認できる「SAGICHECK」と呼ばれるサービスがあります。

オランダに拠点を持つ団体が運営しているサービスで、一般財団法人日本サイバー犯罪対策センター(JC3) が確認した日本語の偽サイトの情報も提供されています。

図 4-11　SAGICHECK のサイト

URL：https://sagicheck.jp/

なお、上記サイトでの確認結果については、ご自身の判断の参考として利用することを目的としており、確認結果を保証するものではありません。

偽ショッピングサイトの被害に遭った場合の対応

商品が届かない、届いた物が粗悪品、偽物などトラブルが発生した場合、まずは、ショッピングサイトの問い合わせ窓口に連絡をします。連絡がつかない場合は、警察や消費者ホットラインなどの窓口へ相談になります。

・消費者庁：消費者ホットライン
https://www.caa.go.jp/policies/policy/local_cooperation/local_consumer_administration/hotline/

・警察庁：サイバー事案に関する相談窓口
https://www.npa.go.jp/bureau/cyber/soudan.html

・国民生活センター
https://www.kokusen.go.jp/map/

偽ショッピングサイトのシステムで、振込処理や、クレジットカード決済を行った場合は、IDやパスワードが漏えいしている可能性があります。振込処理を行った金融機関や、クレジットカード会社の保守サポートに連絡し、対策指示を仰ぎましょう。

気付かないうちにマルウェアに感染させる攻撃手法

ドライブバイダウンロード（Drive-by Download）とは、利用者がWebの閲覧を行った際に、気付かないうちにマルウェアをダウンロードさせ感染させる攻撃手法です。マルウェアのダウンロードとインストールを利用者が気付かないうちに実行するため、厄介な攻撃です。PCでのWeb閲覧に加え、スマートフォンでの閲覧もマルウェア感染のリスクがあります。

ドライブバイダウンロードの攻撃パターンの1つに、PCにダウンロードさせたマルウェアをインストールするために、インストール確認画面が表示されるケースがあります。

中には、既存のアプリケーションのバージョンアップなどを促す「偽」の画面を表示するなど、利用者側に気付かれないように工夫しているケースもあります。そのため、もしWebを閲覧しているときにインストールを促す画面が突然表示された場合は、マルウェアの可能性があるため、一度キャンセルを行い、表示されたアプリケーションを直接起動し、アップデートの確認を手動で行うなどの対策をお勧めします。

図 4-12　Web 閲覧時に突然表示される偽の画面イメージ

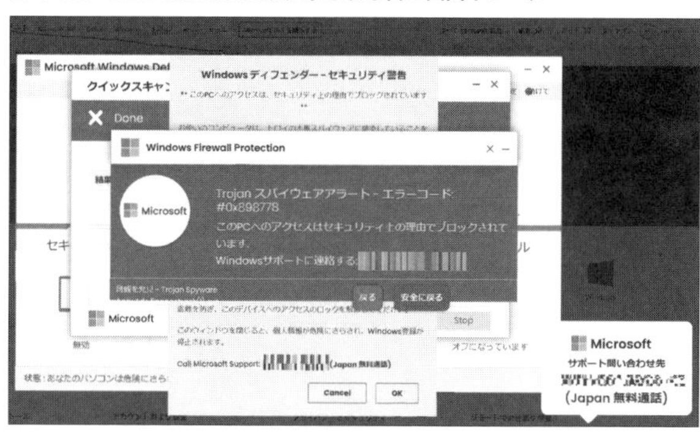

消費者庁「「Microsoft」のロゴを用いて信用させ、パソコンのセキュリティ対策のサポート料などと称して多額の金銭を支払わせる事業者に関する注意喚起」
https://www.caa.go.jp/notice/assets/consumer_policy_cms103_210219_1.pdf より引用

ドライブバイダウンロードの仕組みについてイメージ図を下記に示します。

図 4-13 ドライブバイダウンロードの仕組み

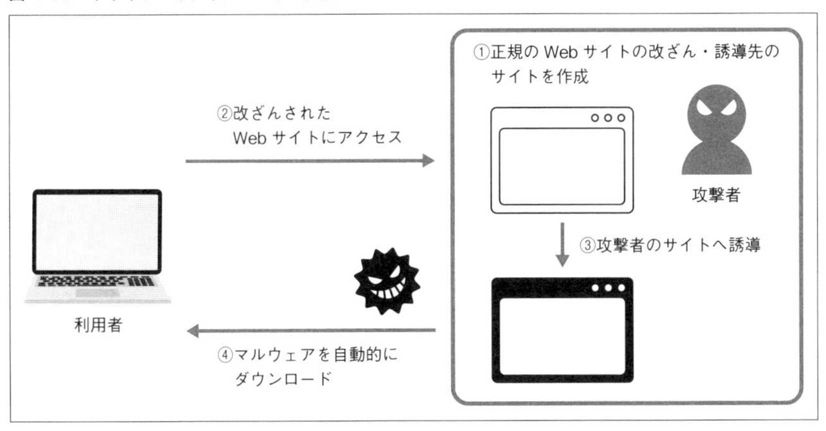

①攻撃者が正規のWebサイトを改ざんし、利用者がそのWebサイトにアクセスしてきた際に、攻撃者の準備したWebサイトに誘導する設定を行う
②利用者が正規の（改ざんされた）Webサイトにアクセス
③気付かないうちに攻撃者のサイトに誘導される
④攻撃者のWebサイトからマルウェアが自動的にダウンロードされ、利用者が感染する

ドライブバイダウンロードの攻撃パターンは複数ありますが、上記の例では、攻撃者が作成したWebサイトに誘導させる方法です。

ドライブバイダウンロードの被害に遭わないために

不審なサイト（古いサイト、海外のサイトなど）にアクセスしないことが有効ですが、例で示したように正規のWebサイトへのアクセス時にもマルウェア感染のリスクがあります。

対策としては、マルウェア（ウイルス）対策製品を導入し、その製品も最新の状態にしておきましょう。また、OSやWebブラウザーも脆弱性対策として最新のバージョンにしておくことが重要です。

インターネット利用のモラル

インターネットの利用は、情報収集や、情報の発信、不特定多数とのコミュニケーションなど、私たちの生活の一部となっています。

現実社会と同様、多くの人が利用するインターネット社会でも、モラルが必要となります。

インターネット社会のモラルとは何でしょうか？解説していきます。

インターネットの利用は自己責任

インターネットは、全世界とつながっています。そのため利用にあたり、個人（自身）が考える価値観、ルールを守るだけではなく、全世界のインターネット利用者に対しても社会的な配慮が必要になります。

自分が面白い、楽しいと思った内容が、ほかの人は、不快、非常識と感じることもあります。インターネット利用により発生するリスクや社会的・法的責任は、自己責任となるということを知っておく必要があります。

モラルの逸脱による炎上

炎上とは、発信した情報に対して、集中的に非難を受ける状態のことを指します。嘘の内容の発信や、他人のプライベート情報の公開、違法行為、偏った考え方などの情報発信から炎上が発生します。例えば、以下のようなケースがあります。

①嘘をつく、いやがらせ
- 爆破や殺人予告を行う
- 宿泊したホテルが気に入らなくて、ゴキブリやネズミがいるなどの嘘をつく
- 飲食チェーン店の食材に石や、虫などが入っているなどの嘘をつく
- 店員にクレームをつけ、土下座させた写真を投稿する

②プライバシーのリーク
- ホテルのアルバイト員が、宿泊者（有名人など）の個人情報をリークする
- 飲食店の従業員が、芸能人がプライベートで来店している情報をリークする
- 不動産会社の従業員が、芸能人を接客した物件情報をリークする

③違法な行動や、度を過ぎたいたずらや行動
- 線路の上で寝転がる映像を撮る
- 線路の上に石を置いて、電車が通過する映像を撮る
- 未成年の飲酒の映像

・コンビニエンスストアのアイス冷凍庫内で寝転ぶ映像を撮るなど

④偏った考え方

・人種差別につながる表現

・政治、宗教、戦争関連の偏った主張

・性別の違いによる差別や不平などの主張

これらの写真や、動画、文章の投稿により、企業の信用失墜による売り上げ損失や、個人への名誉棄損などにより賠償責任問題に発展するケースもあります。炎上が発生すると、情報を投稿した本人への批判に加え、家族や友達、本人が勤める会社まで批判が拡大するケースもあります。

情報発信時には、その情報がどのような影響を社会に与えるのか、ほかに迷惑にならないかなど、想像力を働かせた判断が必要です。

本人以外からも情報が漏えいし炎上する可能性がある

炎上の可能性がある情報でも、SNSなどに投稿しなければ問題にならないと思っていませんか？その情報が漏えいしインターネット上に公開される可能性があります。個別に情報を渡した相手がSNSに投稿してしまうケースなどです。

例えば先述した「プライバシーのリーク」のケースを考えてみましょう。飲食店の従業員が、芸能人がプライベートで来店している情報を友達に伝えたとします。その友達がSNSなどに投稿することで情報がリークしてしまうのです。この場合は情報を投稿した友達のモラルも課題になりますが、炎上することにより、友達にリークした人自身や、勤務先であるお店にも批判が発生します。

このようにインターネット上に漏れては困る情報は、ほかの人には渡さないことが大切です。情報（データ）が存在すれば、漏えいする可能性があることを前提に情報の取り扱いを考える必要があります。

著作権違反に関連する情報の取り扱い

SNSで利用するアイコンに、好きな芸能人の写真や、アニメのキャラクターを使ったりしていないでしょうか。これらを無断で使うことは、著作権の侵害になります。他人が投稿した写真を自分が撮影したもののように投稿したり、自分のブログの中のイメージで使用したりするなど、無断で流用することも著作権の侵害です。

転職前の会社が購入したアイコンを、転職先に持ち出して利用することも同様に著作権侵害になります。このケースでは、アイコンを購入した転職前の会社には利用が認められていますが、転職先の会社はそのアイコンを購入していないため、利用を許可されていないことになるからです。

ほかにも、音楽や漫画、アニメ、テレビ番組、映画、文書などの情報には、著作権があります。これらの情報を著作者の許可を得ずにSNSなどに、アップロードすることは違法行為です。海外のサイトなどには、新作の映画や漫画の情報がアップロードされているものもありますが、不正にアップロードされた情報と知っていて、ダウンロードすることも違法行為となります。映画の盗撮に関する注意は、みなさんも映画館で目にしたことがあるのではないでしょうか。

著作権侵害について、心当たりがある場合は、改善しましょう。現状問題化していないため大丈夫と考えてはいけません。芸能人やアニメキャラクターのアイコンを許可なく使い続けることや、違法にダウンロードした音楽を聞くことなどは、法的なリスクを負うことになります。

クイズで知るインターネットのモラル

インターネット利用の脅威についてクイズを解いていきましょう。

クイズ　インターネットカメラ

インターネットカメラが不正に覗き見されているとき、次のうちどれが最も適切な対策ですか？

a) メーカーが初期設定したパスワードを使用する
b) インターネットに接続せずに使用する
c) 初期パスワードを複雑なものに変更し、定期的に更新する

解答▶ c)

パスワードは簡単に推測されないように長く、複雑なもの（桁数を増やす、英語、数字、記号などを組み合わせる）に設定する必要があります。定期的な変更を行うことで、不正アクセスのリスクを減らすことができます。

クイズ　ドライブバイダウンロード

ドライブバイダウンロード攻撃から身を守るための対策は次のうちどれですか？

a) インターネットを切断する
b) OSやWebブラウザー、セキュリティソフトウェアを最新の状態に保つ
c) OSログインパスワードを複雑に設定する

解答▶ b)

ドライブバイダウンロード攻撃は、被害者が不正なWebサイトを訪れることによって発生するため、OSやWebブラウザー、セキュリティソフトウェアの最新化が重要です。

クイズ　SNSの炎上

SNSで炎上が起こる直接的な理由は次のうちどれですか？

a) 嘘の情報やモラルを逸脱した情報を投稿する
b) ソフトウェアの脆弱性対策ができていない
c) 不審なWebサイトを閲覧する

解答▶ a)

炎上とは、発信された情報に対して、集中的に非難を受ける状態のことを指します。嘘の内容の発信や、他人のプライベート情報の公開、違法行為などの情報発信から炎上が発生します。

組織におけるセキュリティ意識

2021年10月31日、徳島県の公立病院でセキュリティ事故が発生しました。ランサムウェアに感染し、電子カルテシステムなどが利用できない状態となり、翌年1月4日までの約2カ月に渡り、一部の診療を除き病院の機能を停止せざるを得なくなったのです。攻撃者は、リモートから接続するためのVPN（Virtual Private Network）の脆弱性を利用して侵入し、ランサムウェアLockBit（ロックビット）を送り込み、院内でランサムウェアの感染が広がり電子カルテシステムやバックアップシステムなどに被害をもたらしたと報告されています。ランサムウェアの脅威をイメージしやすいように、感染初日の主な出来事を時系列に示します。

2021/10/31

未明	院内にある複数のプリンターから、データを窃取および暗号化した内容の文書の大量印刷を確認。
0:30	電子カルテシステムの不具合確認。システム担当者に通報。
3:00	システム担当者到着後、即座に電子カルテシステムのネットワークを遮断。
8:00	ランサムウェア感染確認。
8:55	徳島県警察本部に相談。被害届受理。
9:00	救急受入れ不可対応を開始。
10:00	災害対策本部を発足。
11:27	徳島県警察本部専門部門担当来院。
12:02	CT、MRIなどウイルス混入の恐れがあるため使用停止を指示。
14:00	新患を受け入れない方針や他院からの受け入れ中止を決定。医療事務を行う端末などもウイルス感染を確認。
16:00	記者会見の実施。
18:00	メディア対応体制整備。HP掲載開始。
20:15	バックアップサーバーや医事サーバーが機能停止していることを確認。

このセキュリティ事故発生後、セキュリティ専門家を含めた有識者会議が発足され、組織的、技術的、社会的課題の整理を行っています。その内容は調査報告書としてまとめられており、組織面、技術面で下記5点の課題が浮き彫りになっています。

・セキュリティに対する意識の低さ
・情報システム担当者1人体制
・管理者不在のマルチベンダー体制
・協力的とはいえないシステムベンダーの対応
・電子カルテシステムを優先しセキュリティを無視したシステム設計

それぞれについて、どのようなことなのか、簡単に説明します。

セキュリティに対する意識の低さ

病院自体がサイバー攻撃を事業継続上のリスクとして認識しておらず、予算の確保も体制の確保もできていなかった。また、病院にシステムを導入したベンダーもセキュリティの意識が低く、VPNの脆弱性対策への助言ができていなかったことや、各端末へのログオンパスワードを最小桁数の5桁に設定していたこと、複数回ログオンに失敗した場合にアカウントを一時的に無効にするロックアウト機能を設定していなかったことなどから、認識の甘さがわかる。

情報システム担当者1人体制

サイバー攻撃のリスクを回避するためには、情報セキュリティの重要性を認識している管理者、専門知識を有したエンジニアが必要であるが、今回のケースにおける情報システムの運用は、1人の情報システム責任者に委ねられており、その個人の知見と業務範囲で認識できる範囲に留まっていた。また、運用を業務委託することも行っていなかった。このような状況にあったため、サイバー攻撃リスクに関する新しい情報も入手できていなかった。

管理者不在のマルチベンダー体制

今回のケースでは、多くのITベンダーが登場する。電子カルテシステム担当、VPN装置およびサーバー担当、サーバーおよび端末の修復担当などである。

このようなマルチベンダーの中で、どこが全体統括なのか、システムの設計はどこの責任なのか、ハードウェアの構築責任はどこなのかなどが明確になっていない。

協力的とはいえないシステムベンダーの対応

電子カルテシステム提供ベンダーとVPN装置およびサーバー提供ベンダーとの間で責任の分担が不明確である。そのため、VPNの重要な脆弱性に関する助言が行えていない。また、報告書内の事案対応の経緯から、関連するベンダーの出動の遅さ、調査・復旧を行うエンジニアの派遣要請に応じないといった協力的ではない対応、非効率的な遠隔地での調査・復旧が見て取れる。

電子カルテシステムを優先しセキュリティを無視したシステム設計

Windowsアップデートの未実施、アンチウイルスソフトウェアの停止、Windows Endpoint Protectionの無効化、サポートが終了しているSilverlight（Webの一部）の利用、パーソナルファイアウォールの無効化など、OSやWebブラウザー、各種インストールソフトウェア、ネットワーク設計が、セキュリティよりも電子カルテシステムが正常に動作するための設定になっておりサイバー攻撃に耐えられる状態ではなかった。

これらの課題は多くの企業にとって衝撃的なものでした。この報告書が公開された後に、医療業界はもちろんのこと民間の企業において、セキュリティを自分事として考えようとするセキュリティ意識の変化が見えてきました。筆者も実際に、以下のような対応を検討されている方々と何度かお会いしました。

・セキュリティ事故対応部隊のスキル向上
・全社組織ではなく開発事業などを行っている部門にもセキュリティを推進するチームを設立
・開発事業などを行っている部門への監査と指導
・情報システム部門・情報セキュリティ部門以外の、開発事業などを行っている部門や調達など間接部門のセキュリティリテラシー向上
・従業員がセキュリティに興味を持ってもらい自分事として考えてもらえる

ようにするための啓発活動を推進

企業におけるセキュリティ意識の変化に伴い、従業員のセキュリティリテラシー向上も求められます。この書籍が少しでもみなさんの役に立てることを願っています。

参考：徳島県つるぎ町立半田病院 コンピュータウイルス感染事案
有識者会議調査報告書
https://www.handa-hospital.jp/topics/2022/0616/report_01.pdf

徳島県つるぎ町立半田病院 コンピュータウイルス感染事案
有識者会議調査報告書 ― 技術編 ―
https://www.handa-hospital.jp/topics/2022/0616/report_02.pdf

第5章

デバイスの管理

5.1 PCの管理

PCの価値

みなさんが業務で使うPCにはどのような価値があるのでしょうか。価値がある物は、その価値が狙われるリスクが存在します。例えば、宝石や、金塊、お金の札束などは、その物に価値があります。リスクとしては、盗まれることや、災害などによる焼失などがあります。対策としては、金庫に保管する、カメラで監視するなどが考えられます。

図5-1　物理的なセキュリティ

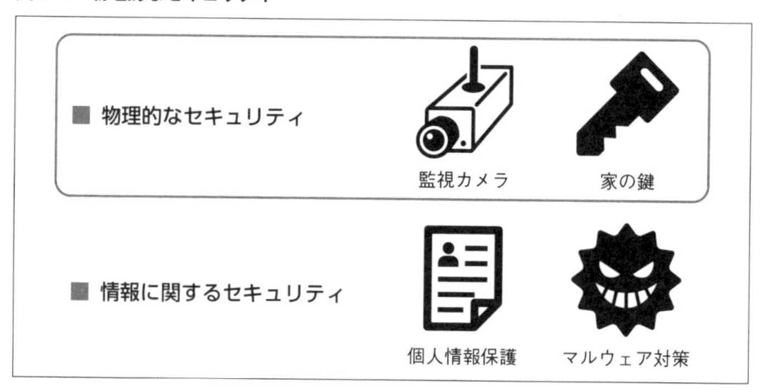

会社で支給されているノート型のPCの場合、ハードウェアの資産価値としては、10〜20万円前後の価値が想定されます。また、PCにインストールされているソフトウェアにも資産価値があります。ソフトウェアの価値は幅広く、無料のものから、数万円、数千万円するものもあります。

次にPCの中にある情報の価値です。情報の価値は、一概に計ることはできません。例としては、個人情報、企業固有の機密情報（設計図、プログラム、会計情報、顧客情報、ほか）などがあります。情報の内容によっては、狙われてしまうと株価に影響したり、企業の競争力喪失に関わったりするケースもあります。

個人情報が盗まれた場合、会社側の被害額としては、下記の情報があります。

1件当たり平均想定損害賠償額：6億3,767万円

1人当たり平均想定損害賠償額：29,768円

出典

JNSA：2018年 情報セキュリティインシデントに関する調査報告書
https://www.jnsa.org/result/incident/2018.html

また、個人情報を買い取る名簿販売事業者の買取価格については、下記の情報があります。

・データ単価：0.1円～10円/件程度(内容や鮮度により変動)
・展示会の入場者：50円/件程度
・同窓会などの名簿：7,000円～30,000円/冊程度

名簿販売事業者の販売価格は、10～15円/件程度が相場

出典

名簿販売事業者における個人情報の提供等に関する実態調査報告書（2016年、消費者庁）
https://www.cao.go.jp/consumer/iinkai/2016/217/doc/20160405_shirou2_1.pdf

次に攻撃者にとっての価値です。攻撃者は、みなさんが利用しているPCを悪用することで、業務情報（会社SaaSや内部システム）へのアクセスを行うことができます。つまり、業務情報にアクセスするための「踏み台」としても価値があるのです。攻撃者はマルウェア感染などの手段により、ターゲットとする企業の従業員のPCを踏み台とし、その企業の情報収集や、より権限が高い管理者のアクセス権を奪って機密性情報にアクセスするなど、最終的には、金銭的な利益につながることを目的としているケースが多いです。

図 5-2　PCを踏み台としたサイバー攻撃のイメージ

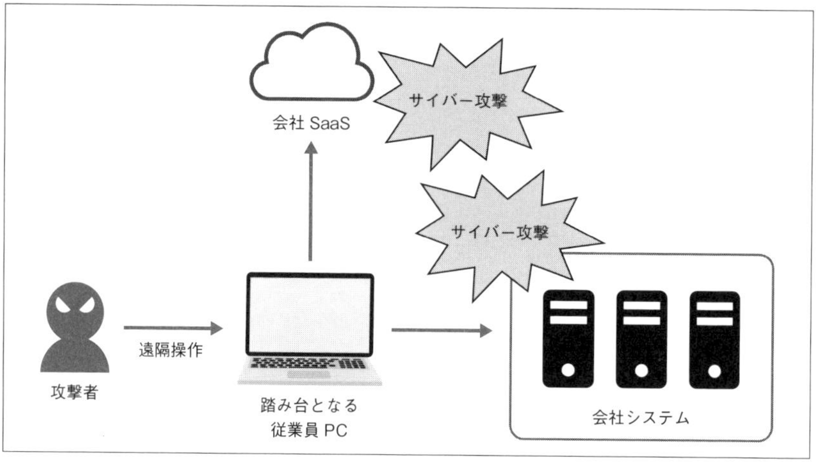

PCを踏み台とする価値は、ターゲット企業の情報資産へのアクセス以外にも、そのPCの利用者になりすましたメールの送信やSNSなどへの情報発信、操作履歴の不正取得によるID・パスワード情報の収集などもあります。

PCの価値をまとめると以下の4つになります。

- PC自体（ハードウェア）の資産価値
- PCにインストールされているソフトウェアの資産価値
- PC内に保存されている業務情報の価値
- サイバー攻撃に利用するための踏み台としての価値

このような価値があるPCを守るため、会社ではさまざまな対策を実施しています。会社がセキュリティ対策や、資産管理をどのように行っているのかを把握し、状況に応じて利用者側で意識すべきことや、実施すべきことが何かを知っておくことが大切です。

ではどのようなリスクと対策があるのでしょうか。

PC利用時のセキュリティリスクと対策

PC利用時のセキュリティリスクとしては、自分（利用者本人）の行動が原因となって発生するリスクと、他人の行動によるリスクがあります。

それぞれ、どのようなリスクがあるのか見ていきましょう。

クイズ　リスクの分類

下記表は、PC利用時のセキュリティリスクについて、対象（自分か他人どちらの行動に起因するものか）、リスクの分類、その例についてまとめています。①②にはどのようなリスクが入るでしょうか。例を参考にしながら、回答を選択肢から選んでください。

表5-1　PC利用時のセキュリティリスク（問題）

対象	No.	リスク	例
自分	1	過失	マルウェア開封、不審URLへのアクセス
			フィッシングサイトへの情報入力
			公衆Wi-Fiへの接続
			画面を覗き見される
			個人のUSBメモリーなど誤って会社PCに接続
	2	紛失	置き忘れなど
	3	（①）	情報持ち出し（メール、Web、USBメモリーなど）
他人	4	（②）	マルウェア感染（メール、Webなど）
			脆弱性への攻撃
			不正アクセス
			通信の盗聴（覗き見）
			なりすまし
	5	盗難	ひったくり、車上荒らしなど

① a）サイバー攻撃　b）自然災害
　c）内部不正　d）不正ログイン

② a）オレオレ詐欺（特殊詐欺）　b）サイバー攻撃
　c）内部不正　d）株価暴落

解答

①…c）の内部不正が正解です。PC利用時に悪意を持って情報を持ち出す行為は、内部不正になります。

②…b) のサイバー攻撃が正解です。サイバー攻撃は、マルウェア感染や、脆弱性への攻撃などを行い、金銭的な利益、国や会社の信用失墜、政治的な主張などさまざまな目的を達成するために実施されます。

クイズの表に沿って、PC利用時のセキュリティリスクと、その対策について説明します。

過失によるリスクをどうやって対策するか

過失によるリスクの具体例

本人が意図せずに実施してしまう「過失」は、うっかりミスなどの不注意、興味本位（不審なファイルと認識しているにも関わらずアクセスしてしまうなど）、そのほかセキュリティリスクへの配慮漏れなどが該当します。具体的なリスクの例と、各リスクへの対策を下記に示します。

①メールに添付されているマルウェアを実行（クリック）する
②不審なURLにアクセスする
③フィッシングサイトへの情報の入力
④SNSやWebサービスへの業務情報のアップロード
⑤公衆Wi-Fiへの接続
⑥画面の覗き見をされる
⑦個人のUSBメモリーなどを誤って会社PCに接続

過失の対策①　マルウェア（ウイルス）対策

PCのセキュリティ対策として最初に行うのがマルウェア（ウイルス）対策です。メールや、Webからマルウェアが PCに入ってきたときに検知、駆除してくれます。Windows OSの場合は、Microsoft DefenderがOSに標準搭載されています。マルウェア対策製品は、多数あります。

企業のセキュリティ対策として、マルウェア対策製品の導入は、約84％（2022年）*1と多くの企業で対策されています。

*1　総務省　データ通信白書令和5年版より
https://www.soumu.go.jp/johotsusintokei/whitepaper/ja/r05/html/datashu.html#f00273

マルウェア対策製品は、日々最新の状態にアップデートする運用が必要になります。アップデートできていない場合は、マルウェア検知率が低下します。

なぜマルウェア対策製品は、日々のアップデートが必要なのでしょうか？マルウェア対策製品によるマルウェアの検知方法は、複数ありますが古くから行われているのが、「パターンファイル」と呼ばれるマルウェア一覧が登録された辞書のようなファイルと、PC上のファイルを比較し、一致するものを検出する方法です。

パターンファイルには、世界中で検出されたマルウェアの情報が登録されています。各メーカーはこのパターンファイルの情報を日々更新しています。そのため、パターンファイルを最新化していない場合は、情報が古くなり、検知率が低下してしまうのです。

企業によっては、従業員のPCを管理するためのソフトウェア（IT資産管理製品）を導入しているところもあります。IT資産管理製品により、企業は従業員に貸与しているPCやスマートフォンのハードウェア情報、ソフトウェア情報の把握、操作履歴の取得、デバイス（例：USBメモリー）制御が可能となります。

IT資産管理製品でできることの例

- セキュリティパッチの配布
- ソフトウェア配布
- ハードウェア契約管理
- ライセンス管理
- リモートコントロール
- 禁止ソフトウェアの起動制御
- デバイス制御
- 操作ログの取得

IT資産管理製品により、マルウェア対策製品のバージョンが最新化されていなかったり、マルウェアが潜んでいないかのスキャンが定期的に実施されていなかったりする場合に、利用者や管理者に通知されるようにしている企業もあります。

対策を行わない場合は、会社へのリモート接続やSaaSの利用ができないようにするなど、マルウェア感染を広げないための制限を行うケースもあります。

このようなアップデート漏れなどを通知する仕組みが導入されていたとしても、利用者側も意識して、マルウェア対策製品の最新化とスキャンを実施することが大切です。特に年末年始など長期間PCを利用しない場合は、パターンファイルの更新もされないため、久々の起動時には意識的に最新の状態にするようにしましょう。また、OSの最新化チェックもあわせて実施してください。

過失の対策②　不審なURLへのアクセス対策

不審なURLへのアクセスについては、利用者側の「誤ってアクセスしない」という意識と行動が重要です。アクセスしようとしているURLに不審な点はないかの確認は忘れないようにしてください。会社側の対策としては、不審なWebサイトや業務に関係のないWebサイトにはアクセスできないようにする仕組み（Webフィルタリングシステム）を導入しているところもあります。

図5-3　Webフィルタリングイメージ

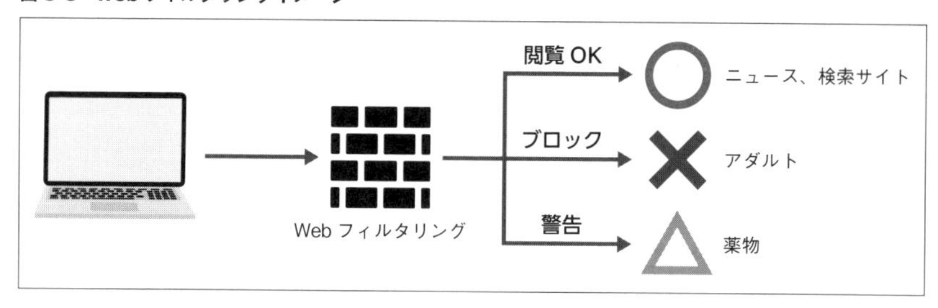

利用者がWebサイトにアクセスしようとした際に、アクセス先がWebフィルタリングの対象に該当し制御されると、利用者側のPCに制御画面が表示されアクセスできないケースがあります。完全にアクセスできないように制御する場合もありますが、制御画面上のボタンをクリックしたり、画面に記載されている番号を入力したりすることで、アクセス制御を解除できるような仕組みとなっている場合もあります。

図 5-4 Webアクセス制御画面イメージ

Webアクセスを完全に制御してしまうと業務効率が低下する恐れもあるため、これらはその回避策としての機能です。アクセス制限の回避を乱用すると、会社側から指摘が入る可能性もあります。業務に不要なアクセスは行わないことが、セキュリティ観点からも重要です。

過失の対策③④⑤　フィッシングサイトへの情報入力や、SNS・ほかWebサービスへの業務情報アップロード対策

フィッシング詐欺については第3章で、SNSやSaaS利用のリスクや対策については第4章で詳細を説明しました。基本的には「アクセスしない」や「注意深く確認する」など、利用者側のセキュリティ意識が重要です。

前述のとおり、会社側でアクセス制御が行われているケースもありますが、アクセス制御の仕組みがあるから安全というわけではありません。完全に制御することは難しいため、過信しすぎないようにしましょう。

公衆Wi-Fiには、極力接続しないことが大切です。第6章で詳細を説明します。

過失の対策⑥　画面の覗き見対策

他人に画面を覗き見されることは、利用者側の過失によるリスクです。横からの覗き見に備えPCにフィルターを取り付けたり、離席時には、画面をロックしたりすることで、覗き見による情報漏えいや他者による不正な操作の対策を行うことが大切です。第6章で扱うテレワークの際にも覗き見対策は重要になります。

PCを一定時間利用しないときは、画面ロックをしましょう。自動で画面ロックが行われるよう設定することもできます。

画面ロックの設定方法

Windows 10の場合の設定方法

①画面左下Windowsマークをクリック
②歯車のマークをクリック
③「個人用設定」をクリック
④「ロック画面」をクリック
⑤「スクリーンセーバー設定」をクリック
⑥「再開時にログオン画面に戻る」をクリック
⑦画面ロックまでの待ち時間を設定し、「適用」ボタンをクリックし、「OK」をクリック

Windows 11の場合の設定方法

①画面中央のスタートボタンをクリック
②設定（歯車のマーク）をクリック
③「個人用設定」をクリック
④「ロック画面」をクリック
⑤「スクリーンセーバー」をクリック
⑥「再開時にログオン画面に戻る」をクリック
⑦画面ロックまでの待ち時間を設定し、「適用」ボタンをクリックし、「OK」をクリック

このような設定をすることで、マウス、キーボード操作がなく、設定した時間が経過すると、画面が自動的にパスワードロックされるようになります。

図5-5　パスワードロック画面イメージ

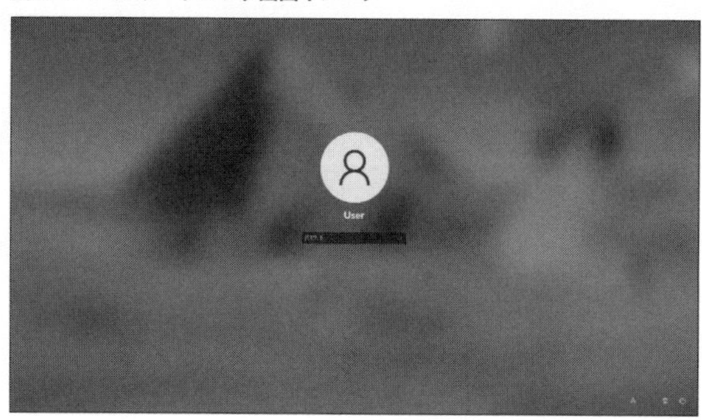

また、キーボード操作で「Windowsマーク」+「L」(Windows 10、Windows 11共通)でも強制的に画面ロックをかけることができます。キーボード操作での画面ロックは、筆者もよく使う機能です。簡単にロックできるので、試してみてください。

テレワークでの覗き見対策については、第6章で詳細を説明します。

過失の対策⑦ 個人のUSBメモリーなどを誤って会社PCに接続してしまうことへの対策

機密情報が入ったUSBメモリーを持ち出し、紛失したというニュースを耳にしたことがある人も多いのではないでしょうか。

USBメモリー以外にも、PCに接続できるデータ持ち出しデバイスの種類は、多数あります。多くの会社では、これらのデータ持ち出しデバイスを会社PCへ接続することを禁止しています。

図5-6 PCに接続できるデバイスのイメージ

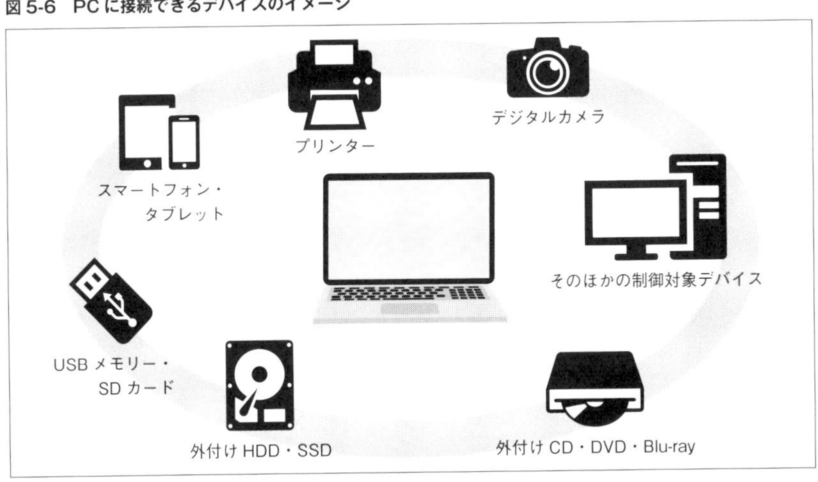

これらを会社PCに接続する場合は、会社の規則上問題がないか確認が必要です。

充電のためにスマートフォンをPCに接続する人もいるかもしれません。しかし、機種によってはデータ持ち出しができるスマートフォンもあるため、基本的には会社PCには接続しないことが大切です。

会社によっては、IT資産管理製品によりデバイスへのデータ持ち出しを制御する仕組みを導入しているところもあります。その場合、USBメモリーなどをPCに接続するとエラー画面が表示され、デバイスの接続が制御されます。(特定のデバイスを許可しているケースもあります。)

過失によるデバイス接続の例として、テレワークでは、個人所有のPCと会社支給のPCが同じ場所に設置されており、個人所有PCにUSBメモリーなどの外部デバイスを接続するところを、誤って会社側のPCに接続してしまい、IT資産管理製品が検知をおこない、警告を受けるケースもあります。外部デバイスの接続時には、接続先PCを間違えないよう注意が必要です。

PCへのデバイスの接続は、会社ごとに規則が異なるため、何が許可されていて何が禁止されているのかは情報システム部門に確認してみてください。

紛失も立派なセキュリティ事故

PCの紛失についてのリスク・対策は、第2章で説明を行いました。PC紛失の原因としては置き忘れが多いですが、不注意や思い込みによる紛失もあります。

筆者が聞いた中には、PCの入ったバッグを電車の網棚に置こうとしたところ、誤って上側が空いている窓から車外に捨ててしまったという話もあります。電車は走行中で、鉄橋の上を走っていたため、別途バッグの捜索に行きましたが、見つからなかったそうです。

これも会社の機密情報が入ったPCを紛失したということで、セキュリティ事故となってしまいます。本人にとっては、セキュリティ事故に加え貴重品一式も紛失しているため心と財布のダメージは計り知れません。

思い込みやミスはどうしても発生してしまいます。普段の心構えに加え、PC紛失にはディスクの暗号化など事前の対策が重要です。

内部不正を防ぐために会社側ができること

第2章でも少し触れましたが、不正を認識したうえで情報を持ち出したり、情報を利用したりすることは、内部不正となります。

内部不正の目的と事例

内部不正は、金銭的なメリットを目的として情報を持ち出すケースや、企業への恨みや自分の立場を優位にするために情報を持ち出したり、消去・破壊したりするケースがあります。内部不正の事例としては次のようなものがあります。

・会社保有の個人情報を持ち出し、名簿屋へ売却
・営業機密情報（価格情報や顧客情報など）や技術情報を転職先へ持ち出す
・金融システムの顧客ID・パスワードを不正に取得・利用し、現金を不正出金する

これらの内部不正には、懲役刑や罰金などの判決が出ています。内部不正は犯罪です。やってはいけません。

みなさんの会社でも内部不正防止のため、さまざまな対策が導入されているのではないでしょうか。会社側としては、利用者のPCに管理製品を導入することにより、PC操作の記録や、データ持ち出し制御を実施し、内部不正対策を行っています。内部不正対策の例をいくつか紹介します。

内部不正の対策①　操作ログの取得

PCでの操作は、さまざまな履歴が残ります。だれが、いつ、何をしたかを記録し、その履歴情報（操作ログ）をテキストや、動画で取得します。

図 5-7　操作ログイメージ

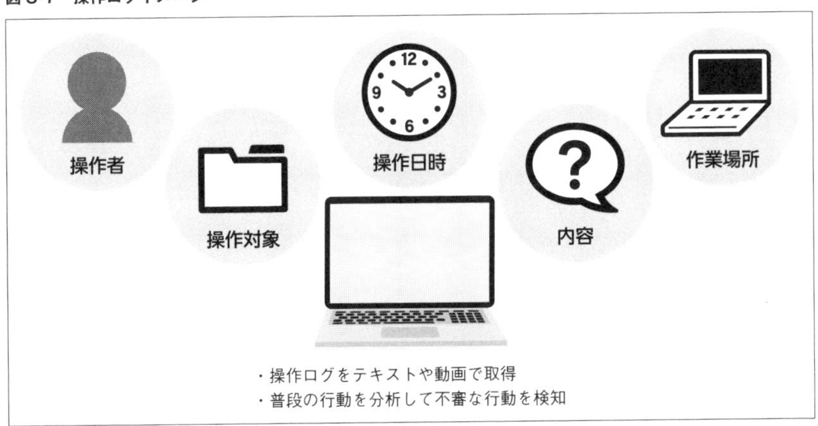

ファイルサーバーからのデータのコピーや、ファイル名変更、印刷、USBメモリーやメール・クラウドサービスへのデータ持ち出しなどさまざまな操作の履歴が取得されています。さらに取得した履歴から、不審な行動がないか分析を行っている企業もあります。例えば、SaaSへのアップロードデータ量が普段の業務と比べて急に増えた、退職前に夜中の作業が増えたなど普段と違う不自然な行動を検知することができます。

内部不正の対策②　情報持ち出しの制限

PCからのデータ持ち出しは、印刷、USBメモリー、メール、クラウドサービスなどさまざまな方法があります。これらの持ち出しができないようにシステム的に制御したり、持ち出しを上司の許可制にしたりする仕組みを導入し制限します。

図5-8　情報持ち出しの制限

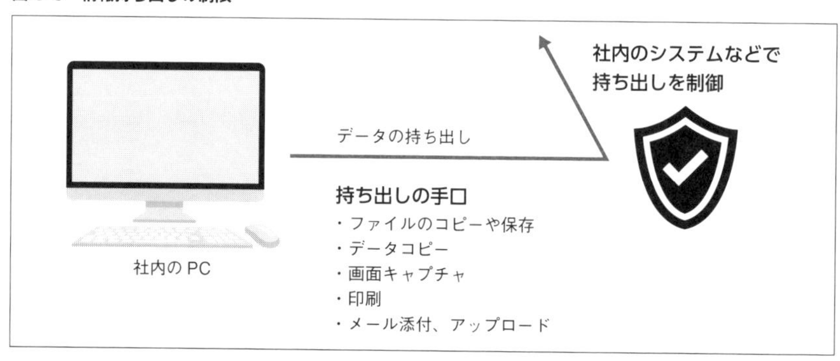

内部不正の対策③　モラル教育の実施

従業員に対して内部不正を行うことによるリスクや過去の懲役刑の事例などを定期的に教育したり、社内のセキュリティ規則について周知徹底したりします。

内部不正の対策④　相談窓口の設置

匿名で報告できる窓口を設置し、内部不正や不審な行動がある場合に報告しやすい環境を作ります。

内部不正の対策⑤　内部監査

内部不正対策を適切に運用できているかなどの監査を定期的に行います。

 サイバー攻撃を防ぐための心がけ

サイバー攻撃は、第2章で詳細を説明していますが、主なリスクとしては、マルウェアへの感染、OSやアプリケーションなどの脆弱性への攻撃、クラウドサービスなどへの不正アクセス、通信の盗聴（覗き見）、なりすましなどがあります。

主な対策としては、以下になります。

・OSやアプリケーション、マルウェア（ウイルス）対策製品を最新化する
・業務外のアプリケーションをインストールしない
・パスワードを複雑にする
・公衆Wi-Fiへの接続は行わない
・不自然と感じたら注意深く確認する（メール・電話の相手やその内容、Webサイトの内容など）、ほか

IT資産管理製品を導入することで、上記対策の一部が実現できます。
主な対策項目を下記に示します。

・OSやアプリケーションのアップデートの状態監視や、強制的なアップデートの実施
・未許可アプリケーションのインストール抑止
・OSログインパスワードの複雑性（文字数や英数字組み合わせなど）の管理
・未許可Wi-Fiへの接続制御、ほか

盗難のリスクと対策

PCの盗難リスクは、場所により異なります。主な場所のパターンは下記になります。

・会社内
・移動中
・カフェや図書館などのテレワーク環境

移動中や、カフェや図書館などのテレワーク環境では、見知らぬ人に狙われることが想定されます。また、会社内は安全と考えがちですが、会社内でも盗難のリスクはあります。移動中や会社内での盗難リスク、盗難防止のための対策については第2章で、テレワーク環境でのリスクについては第6章の中で紹介しています。ここでは盗難後の対策について紹介します。

会社のPCがもしも盗難にあってしまった場合は、会社規則に従った行動が大切です。上司や関連部署に連絡し、指示を仰ぎましょう。

重要な情報が入ったPCが盗難・紛失した場合は、本人が所属する部署のメンバーが業務を止めて、PCを捜索するという規則の会社もあります。

PC盗難時に備えたシステム面で実施できる対策として、PC内のハードディスクの暗号化により、盗難されたPCからデータを読み取れないようにすることが可能です。また、IT資産管理製品などにより、リモート操作で画面ロックやデータ消去を行うことも可能です。（盗難に遭ったPCがインターネットに接続されていることが前提です。）

図5-9　紛失したPCのリモートロックと消去のイメージ

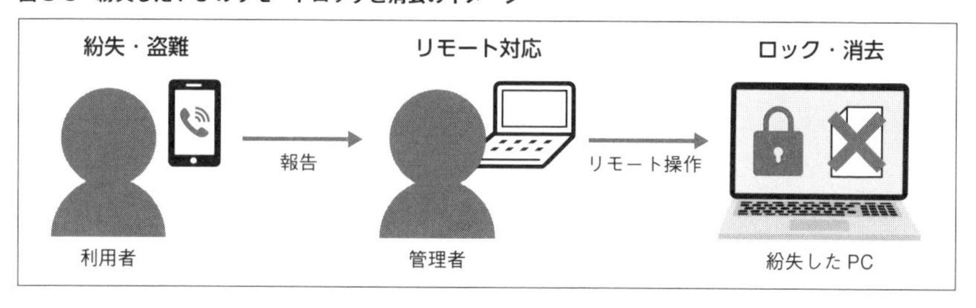

5.2 スマートフォン・タブレットの管理（BYOD）

スマートデバイス（スマートフォン・タブレット）のセキュリティリスクは、PC利用時のセキュリティと同じ点が多いですが、スマートデバイスに特化したリスク、対策もあるため、これらのセキュリティリスク、対策について解説していきます。

 BYOD（Bring Your Own Device）

業務におけるスマートデバイスの利用には、会社支給のものを利用するケースと、個人が所有しているものを利用するケースがあります。

個人所有デバイスの会社業務での利用は、BYOD（Bring Your Own Device）と呼ばれています。

クイズ BYODのメリット・デメリット

下記表は、BYODでの運用時のメリット、デメリットについてまとめています。①にはどのような言葉が入るでしょうか。選択肢から選んでください。

表5-2 BYODのメリット・デメリット

No.	立場	分類	内容
1	利用者	メリット	・利便性向上（2台の端末の保有が不要）
			・自分好みのスペックが利用できる
			・使い慣れているため業務効率が上がる
2		デメリット	・業務とプライベートの切り替えが難しくなる
			・通信費用の負担
			・会社業務で利用するアプリケーションの導入が必要
			・（ ① ）

a）ソフトウェアップデートが自動化される

b）柔軟な働き方ができるようになる

c）セキュリティリスクの責任が発生する可能性がある

d）業務効率が下がる

解答▶ c）

個人デバイスの盗難紛失により、業務データが漏えいした場合、その責任がBYOD利用者本人に発生する可能性があります。（会社ごとに規則が異なるため一概には言えません。）

みなさんの中にも、自分の端末で業務を行いたいと考えている人もいるかと思います。BYODにもメリット、デメリットがあることを知っておいてください。では、BYODはどれぐらい浸透しているのでしょうか。

IPA（独立行政法人 情報処理推進機構）が出している「2021年度 中小企業における情報セキュリティ対策に関する実態調査」のデータの中に、個人所有端末の業務利用について企業規模別にまとめられているグラフがあります。BYODを認めている割合が最も高かったのは小規模企業者で、その割合は40.7%でした。企業規模が小さいほどBYODの利用率が高くなることが読み取れます。

図 5-10　社員の個人私有端末の業務利用（企業規模別）

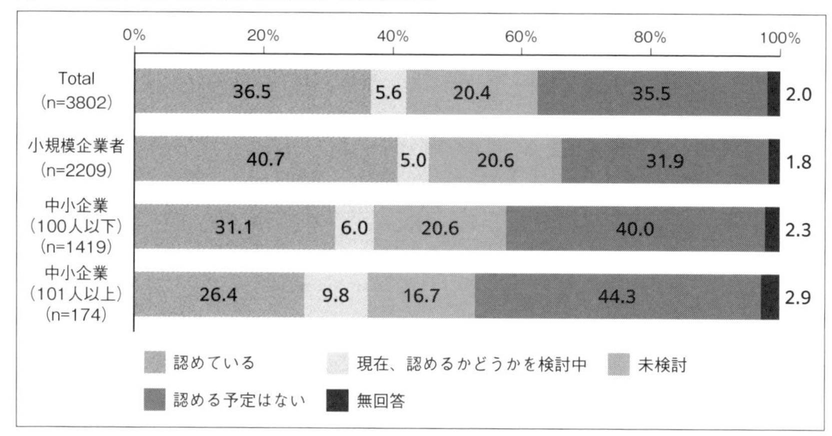

2021 年度中小企業における 情報セキュリティ対策に関する実態調査
https://www.ipa.go.jp/security/reports/sme/ug65p90000019djm-att/000097060.pdf
をもとに作成

読者のみなさんが業務で使うスマートデバイスは、会社支給でしょうか、BYODでしょうか。個人所有の端末を業務で利用すること（BYOD）を考えたときに、下記のような疑問を持つ人もいるかもしれません。

・便利だけど、セキュリティは大丈夫なの？
・紛失したらどうなるの？

スマートデバイスが盗難や紛失に遭った場合、情報漏えいや、不正アクセスなどのセキュリティリスクが発生します。そのセキュリティリスクについての責任がBYOD利用者側に課せられる可能性があります。

「まさか！？」と思った人はいないでしょうか。端末紛失によるハードウェアの損失と、セキュリティリスクの責任の両方がBYOD利用者に課せられるのは、大変です。セキュリティリスクの責任を低減するために、BYOD利用者自身の操作で、リモートでの端末ロックやデータ削除ができることをぜひ知っておいてください。

BYODの利用にあたり、スマートデバイスに管理製品を導入することで、紛失時などには会社側からリモートで端末ロックや、データ削除が行える仕組みもあります。BYODの利用にあたっては、端末紛失時の対応方法や、業務データ利用時の注意点（例：個人のアプリケーションにメール本文などをコピーしない）、通信料の負担の考え方など、会社に確認しておきましょう。それでは、スマートデバイス（会社支給、BYOD両方）の利用には、どのようなセキュリティリスクがあるのか、対策も含め説明していきます。

スマートデバイスの価値

以下の4点は、この章の初めに説明したPCの価値ですが、スマートデバイスの価値としても同じ項目が挙げられます。

・PC自体（ハードウェア）の資産価値
・PCにインストールされているソフトウェアの資産価値
・PC内に保存されている業務情報の価値
・サイバー攻撃に利用するための踏み台としての価値

スマートデバイスの場合、ハードウェア資産は、PCと同様にあります。スマートデバイスの盗難では、転売目的でそのハードウェアの資産価値が狙われることが多くあります。スマートデバイスのソフトウェアはユーザーIDに紐づくため、ハードウェアの故障や盗難・紛失時は、新たなスマートデバイス（ハードウェア）をユーザーIDに紐づけることで復元できます。そのため、スマートデバイスの場合、ハードウェアの資産価値喪失と、ソフトウェアの資産価値喪失は連動しません。

業務データの情報価値について、スマートデバイスに業務ファイルは保存していないと思った方もいるかもしれませんが、スマートデバイスの場合は、メールなどの添付ファイルに業務データが存在するケースがあります。また、なかなか利用することはないかもしれませんが、デバイス上にファイルを保存することも可能です。

スマートデバイスを踏み台とした情報収集や攻撃手段としての価値もPCと同様にあります。マルウェアに感染したり、電話で攻撃者に指示されたとおりの操作を行ったりすることで、スマートデバイスの画面表示情報が盗み見されたり、スクリーンタッチ操作をリモートで実行される可能性があるのです。例えば、以下のような危険があります。

・インターネットバンキングのログイン操作からパスワードが漏れてしまう
・連絡先の名前やメールアドレス情報が漏れてしまう
・カメラやマイクを起動し盗撮・盗聴されてしまう

・決済アプリケーションを起動し、そのバーコード情報で決済されてしまう
・メッセージアプリケーションなど、利用者になりすましてやり取りされてしまう

図 5-11　スマートデバイスを踏み台とした情報収集イメージ

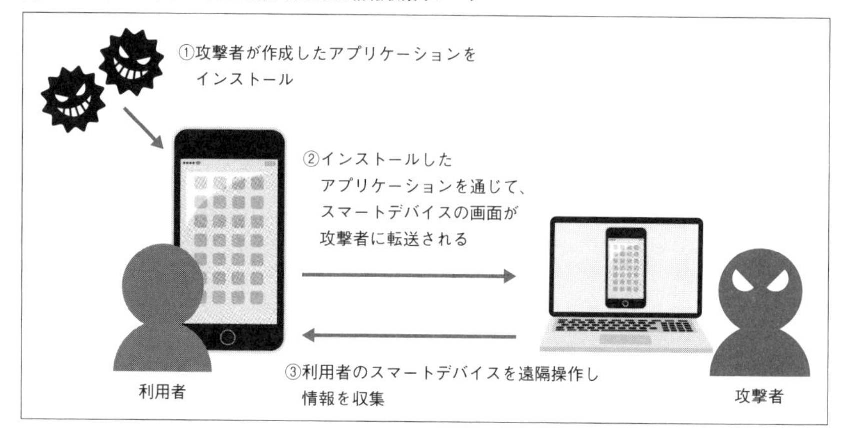

スマートデバイス利用時のセキュリティリスクと対策

先述したPCのセキュリティリスク一覧について、スマートデバイス版に更新したものを下記に示します。PC利用時のセキュリティリスクに対して更新している部分を太字にしています。

表 5-3　スマートデバイス利用時のセキュリティリスク

対象	No.	リスク	例
自分	1	過失	マルウェア開封、不審URLへのアクセス
			フィッシングサイトへの情報入力
			公衆Wi-Fiへの接続
			画面を覗き見される
			不審なアプリのインストール
			会社支給のスマートデバイスを個人のPCに接続する
	2	紛失	置き忘れなど
	3	内部不正	情報持ち出し（メール、Web、**PCへの接続、BYODの場合業務情報を個人アプリに添付する**、など）
他人	4	サイバー攻撃	マルウェア感染（メール、Webなど）
			脆弱性への攻撃
			不正アクセス
			通信の盗聴（覗き見）
			なりすまし
	5	盗難	ひったくり、車上荒らしなど

スマートデバイスにおける過失のリスクと対策

スマートデバイスでの過失の具体例を下記に示します。先述したPCでの過失と重なる部分もありますが、スマートデバイスで追加したものを太字にしています。

①メールに添付されているマルウェアを実行（クリック）する
②不審なURLにアクセスする
③フィッシングサイトへの情報の入力
④SNSやWebサービスへの業務情報のアップロード
⑤公衆Wi-Fiへの接続
⑥画面の覗き見をされる
⑦不審なアプリケーションのインストール
⑧会社支給スマートデバイスを個人のPCに接続する

不審なアプリケーションのインストールのリスクと対策

PCではほとんどの端末でマルウェア対策製品を導入していますが、スマートデバイスはどうでしょうか。スマートデバイスでは、PCほどマルウェア対策製品の導入率が高くないのが現状です。

これは、スマートデバイスが、安全だという認識が利用者側にあるためです。

なぜこのような認識があるのでしょうか。

原因の1つとして考えられるのが、スマートデバイスへのアプリケーション提供の仕組みです。

iPhoneの場合は以下のような流れでアプリケーションが提供されています。

- 各アプリケーションは、Apple社の事前確認を経て、**App Store**に登録される。不審な動きをするアプリケーションは、承認されない仕組みとなっている
- アプリケーションのインストールは、App Storeからのみに制限されているため、日本ではApple社の審査を通過していないアプリケーションはインストールできない仕組みになってる
- アプリケーションの起動は、iPhone内の隔離された空間で実行されるため、iOSやほかのアプリケーションへの影響が起きにくい

iPhoneは、特殊な設定を行うと、App Store以外からもアプリケーションをインストールできるようになります（この操作は、**脱獄**と呼ばれています）。脱獄に

より、非公式のアプリケーションの導入が可能になり、マルウェア感染のリスクが高まります。また、脱獄を行った場合は、Apple社や各キャリアの補償対象外となります。そのため脱獄の実施や非公式のアプリケーションの導入は、行わないことが大切です。

Androidの場合は、Googleの**Playストア**からのアプリケーションのインストールが一般的です。Playストアへのアプリケーションの登録も承認プロセスがあり、不審な動きをするアプリケーションは、承認されない仕組みになっています。なお、Androidは、標準機能でPlayストア以外からのアプリケーションのインストールが可能です。しかし、Playストア以外からのアプリケーションの導入はマルウェア感染のリスクがあるため、行わないことが大切です。

このように、スマートデバイスのアプリケーションには、承認プロセスがあるため、PCと比較すると堅牢と考えられています。しかし、完全ではありません。マルウェア感染の被害は発生しています。

そのため、マルウェア（ウイルス）対策製品の導入は重要です。iPhone、Androidそれぞれに複数のメーカーが対策製品を出しています。マルウェアの検知以外にも、フィッシングサイトへのアクセスブロックなどさまざまな機能を備えています。

マルウェア感染防止について、スマートデバイス利用者側としては、以下の心がけが大切です。

・不審なURLにアクセスしない
・広告など安易にクリックしない
・業務に不要なアプリケーションをインストールしない
・アプリケーションに不要なアクセス権限を与えない（位置情報、連絡先、カメラ、マイクなど）
・OSやアプリケーションを最新にアップデートする

上記に加えBYODの場合は、デバイスの**バックアップ**を行うことをお勧めします。iPhoneの場合は、iTunesでPCにバックアップを行う方法と、iCloudを活用してクラウド側にバックアップを行う方法があります。

手順については、Apple社のWebに公開されています。

Appleサポート　iCloudでiPhoneやiPadをバックアップする方法
https://support.apple.com/ja-jp/108366

PCのiTunesでiPhone、iPad、またはiPod touchをバックアップする
https://support.apple.com/ja-jp/guide/itunes/itns3280/windows

Androidについては、Googleアカウントを利用してクラウド上にバックアップを行う方法と、SDカードを利用する方法などがあります。

手順については、AndroidのWebに公開されています。

Androidのバックアップ・復元方法を解説！
https://www.android.com/intl/ja_jp/articles/backup/

バックアップはマルウェア感染時の対策に加え、紛失、盗難時にも役立ちます。会社支給のスマートデバイスは、情報漏えいの観点からバックアップを行うことを禁止しているケースもありますので、事前に会社規則の確認が必要です。

会社支給スマートデバイスを個人のPCに接続するリスクと対策

スマートデバイスは充電のために、PCに接続することがありますが、会社規則で禁止されているケースがあります。情報漏えいの観点から、スマートデバイスのデータがPC上にコピーされることを防ぐためです。

対策としては、不用意にPCに接続しないことです。PCに接続することにより、内部不正として会社側に疑われるリスクがあります。会社側としては、スマートデバイスに管理製品（MDM）を導入しているケースがあります。この場合、PCへの情報持ち出し制御なども強制的に実現しているケースもあります。MDMとは、モバイルデバイス管理（Mobile Device Management）の略で、スマートデバイスを中心に、PCを含めた資産管理、セキュリティ管理を行うソフトウェアやサービスになります。

PCも対象であるならば、IT資産管理製品と同じではと思った人もいるかもしれません。両者の違いは、製品の機能のどこに重きを置いているか、にあります。IT資産管理製品の主な管理対象はPCであり、そこからスマートデバイスまで管理範囲を拡張してきた経緯があります。一方MDM製品は、スマートデバイスが主な管理対象でありPCまで管理範囲を拡張してきました。

そのため、MDMはスマートデバイスの管理機能が、IT資産管理製品より充実しているケースが多いのです。例えば、BYODに関連する機能では、スマートデバイス内の領域を会社の管理領域と個人領域に分類し、管理領域のアプリケーションから個人領域のアプリケーションへデータが渡ることをブロックできます。これにより、利用者による会社データ持ち出しのリスクを低減します。

また、企業のクラウドサービスや社内システムへのアクセスについても、管理領域以外のアプリケーションからの接続を制御することにより、情報漏えいリスクを低減します。イメージ図を下記に示します。

図5-12　MDMの機能

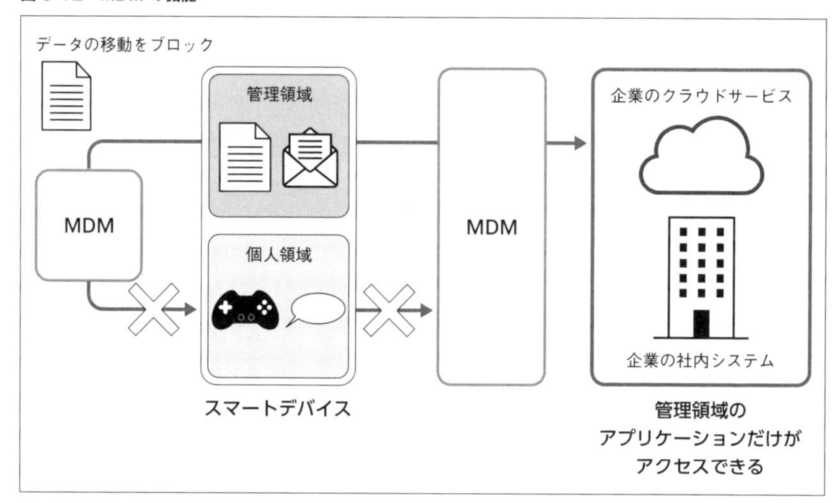

紛失・盗難のリスクと対策

スマートデバイスは、PCと比べてサイズが小さいため、紛失・盗難の発生確率はより高くなります。随分前の話になりますが、筆者もショッピングモールで携帯電話（ガラパゴス携帯）を取得し、案内窓口に届けた経験があります。

スマートデバイスの紛失・盗難に遭わないための対策について、第2章で説明しました。ここでは、盗難・紛失が発生した後の対策について説明します。

スマートデバイスには、GPS機能などを利用した位置情報の取得や、アラームを鳴らす、リモートからのデータ削除などの機能があります。

これらの機能の活用により、デバイスの紛失・盗難時の情報漏えいリスクの低減が可能です。紛失・盗難時の対応については、会社規則でも定められているかと思いますので事前に確認しておくのがよいでしょう。

実際の機能の使い方は、AppleやGoogleのサポートページを確認してください。機能の利用にあたり、iPhoneの場合はApple IDで、Androidの場合は、Googleアカウントでのログインが必要になります。

Appleサポート iPhone、iPad、iPod touch、Macで「探す」を設定する

https://support.apple.com/ja-jp/102648

Appleサポート　iPhoneやiPadを紛失した場合や盗まれた場合

https://support.apple.com/ja-jp/HT201472

ヘルプセンター　Android搭載端末を探す

https://support.google.com/android/topic/7651004

 内部不正、サイバー攻撃のリスクと対策

内部不正のリスクと対策

内部不正のリスクと対策は、第5章で説明したPCの内部不正の内容と同じになります。

PCのIT資産管理と同様にスマートデバイスにも管理製品があり、利用者の内部不正を抑止、監視できる機能があります。内部不正はやらないことです。（犯罪です）

サイバー攻撃のリスクと対策

スマートデバイスへのサイバー攻撃の例としては、PCと同様にメールの添付やWeb参照によるマルウェア感染に加え、非公式なアプリケーションのインストールによるマルウェア感染があります。そのほか、脆弱性への攻撃や不正アクセスなど、PCと同様のリスクがあります。

前述したPC利用時の対策やスマートデバイスにおける対策をクイズで確認してください。

5.3 確認クイズ

クイズ　過失の具体例

PC利用時に発生するリスクの1つである「過失」の例について、誤っているものはどれですか、1つ選択してください。

a）メールに添付されているマルウェアを実行（クリック）する
b）情報持ち出し（メール、Web、USBメモリー、ほか）を行う
c）不審なURLへのアクセスする
d）公衆Wi-Fiへ接続する

解答▶b）

PC利用時の「過失」は、うっかりミスなどの不注意、興味本位、セキュリティリスクへの配慮漏れなどが該当します。b）の情報持ち出しは、内部

不正の例になります。

クイズ 安全な周辺デバイス

次のうち、会社のPCに接続しても安全な周辺デバイスはどれでしょうか。複数あります。選択してください。

①USBメモリー　②ハードディスク　③SDカード
④ディスプレイ　⑤スマートフォン　⑥マウス
⑦キーボード　⑧デジタルカメラ

解答▶④、⑥、⑦

データを持ち出すことができるデバイスの接続は会社規則に従う必要があります。USBメモリー、ハードディスクやSDカードはデータ持ち出しができるデバイスです。スマートフォンやデジタルカメラはPCに接続した場合、USBメモリーやハードディスクとして認識される場合があります。そのため、充電であっても会社のPCへの接続はやめましょう。ちなみに、USB接続でも、Bluetooth接続でも同じです。

クイズ BYOD

BYODについて正しい内容を2つ選択してください。

a) 個人所有デバイスを会社業務で利用すること
b) Bring Your Own Dataの略で、利用者のデータを業務で利用すること
c) 会社が従業員のデバイスを買い与えること
d) デバイス利用の柔軟性と利用者の満足度の向上を目的としていること

解答▶ a)、d)

個人所有デバイスの会社業務での利用は、BYOD (Bring Your Own Device) と呼ばれています。BYODにより従業員は自分のデバイスを利用できるため、作業の柔軟性が増し、満足度の向上が期待できます。

クイズ　スマートデバイスの管理

スマートデバイスをソフトウェアやサービスで管理するための仕組みの名称は次のうちどれですか。正しいものを1つ選択してください。

a) MDM（Mobile Device Management）
b) BYOD
c) Wi-Fi
d) ファイアウォール

解答▶a)

MDMとは、モバイルデバイス管理（Mobile Device Management）の略で、スマートデバイスを中心に、PCを含めた資産管理、セキュリティ管理を行うソフトウェアやサービスです。

クイズ　スマートデバイスのリスク

スマートデバイス利用時のセキュリティリスクの対策について誤っているものはどれですか、1つ選択してください。

a) アプリケーションに不要な権限を与えない（位置情報、カメラへのアクセス）
b) ネックストラップでスマートフォンを首にかける
c) 画面ロックを有効にする
d) App StoreやPlayストアにない業務に使えそうなアプリケーションを見つけて導入する

解答▶d)

App StoreやPlayストアにないアプリケーションは、マルウェアの感染リスクが高まるため、導入しないようにしましょう。

セキュリティ人財不足の状況変化

以前からセキュリティ人財が不足するといった予測はありましたが、それが現実になってきています。総務省の「令和5年版 情報通信白書」の中でも、日本のサイバーセキュリティ人材が質的にも量的にも不足しており、その育成が喫緊の課題であること記載されています。

実際に、筆者が肌で感じているセキュリティ人財不足の現状を紹介します。「組織におけるセキュリティ意識の変化」でも示したとおり、企業では自組織のセキュリティ事故対応力や従業員のセキュリティリテラシー向上をめざす動きが出てきています。目標を達成するためにはセキュリティ人財が必要ですが、自組織で賄うことができず、セキュリティ企業からの人財引き抜きや、派遣、出向に頼るケースが多くみられます。何年か前まではセキュリティに意識が向いていなかった企業も、COVID-19の影響によるテレワークやクラウドシフト、それから多発するランサムウェアの被害を見て、セキュリティを気にするようになりました。

新しいテクノロジーへの対応も、企業がセキュリティ人財を必要とする背景の1つです。ドローン、VR（バーチャルリアリティ）、Web3.0など、みなさんの生活にも影響のあるテクノロジーが次から次へと出てきています。それぞれ、どのような部分でセキュリティが関わってくるのか、考えてみましょう。

ドローン　：無人で飛行するドローンは今後、宅配や空飛ぶタクシーなど、さまざまな活用が期待されています。残念ながら戦争でもその技術は利用されています。ドローンの利用には、当然リスクがあります。操作者とドローン間の通信の傍受や改ざん、操作者の乗っ取り、マルウェア感染などが考えられ、暗号化や認証技術、マルウェア検知と防御などの技術が必要になってきます。

VR　：仮想空間を疑似体験するVRでは、利用者の顔を見ることができません。そのため、なりすましのリスクが考えられます。なりすましによって、詐欺や不正なショッピング、リアルな犯罪への発展などにつながる可能性もあります。なりすましを防ぐため、強固な本人認証が必要になります。

Web3.0　：Web3.0を利用している方は、まだまだ少ないでしょう。Web3.0の技術基盤はブロックチェーンです。このブロックチェーンはデータの改ざんを困難にするセキュリティ技術であるハッシュがコアになっています。世の中では仮想通貨、NFT（代替不可能な価値を証明する技術、本物であることを証明する技術）を利用したNFTアートなどの取引、DAO（分散型自立組織という事業形態）など、さまざまな形で利用されています。ハッシュのベース技術である暗号や本人認証などによるセキュリティ強化が必須となります。

このように、新しい技術をビジネスに取り入れるにも、セキュリティの知識は必要になってくるのです。

総務省「令和５年版　情報通信白書」
https://www.soumu.go.jp/johotsusintokei/whitepaper/ja/r05/pdf/00zentai.pdf

第6章

テレワーク時の注意事項

6.1 テレワークの概要と現状

テレワークというキーワードは多くの人に行き渡り、利用している人もいるでしょう。ただ、テレワークのスタイルにもいろいろありますし、どのくらいの人たちが利用しているのか気になっている人もいるのではないでしょうか。そこで、はじめに、テレワークの意味と世の中の状況についてクイズを解いてみましょう。

クイズ　テレワークとは

テレワークとは、何ですか？　最も適切なものを1つ選びましょう。

a) 電話やオンライン会議など通信技術を使って仕事をすること
b) 会社に出向かず、自宅やカフェなどで場所にとらわれず仕事をすること
c) 時短勤務などフレキシブルに勤務すること

解答▶b)

総務省はテレワークについて「テレワークとは、ICT（情報通信技術）を利用し、時間や場所を有効に活用できる柔軟な働き方です」としています（https://www.soumu.go.jp/main_sosiki/joho_tsusin/telework/18028_01.html）。

2022年（令和4年）末時点で、新型コロナウイルス感染症（COVID-19）が日本に入ってきてから約3年が経ちました。その間に、出社が制限され、テレワークが広がり、オンライン会議やオンラインセミナーなどが当たり前になってきました。そのような状況下、総務省は毎年8月、企業におけるテレワークの導入状況や産業別テレワークの導入状況、テレワークの導入目的などを調査しています。そこで、皆さんにクイズです。

クイズ テレワークの普及

2022年8月、企業におけるテレワークの導入の割合はどのくらいでしょうか。1つ選びましょう。

a) 約3割
b) 約5割
c) 約7割

解答▶ b)

2020年ごろからテレワークが急激に普及しました。これは、みなさんも認識されていることでしょう。ご想像のとおり新型コロナウイルス感染症(COVID-19)がまん延したことによるものですね。2023年5月29日に、総務省から企業を対象に実施した「令和4年通信利用動向調査の結果」が公開されました。このレポートによると、2022年(令和4年)のテレワーク導入率は約50%です。2019年の調査では約20%であったものが、2020年(令和2年)から約50%に達しています。

図6-1 テレワークの導入状況

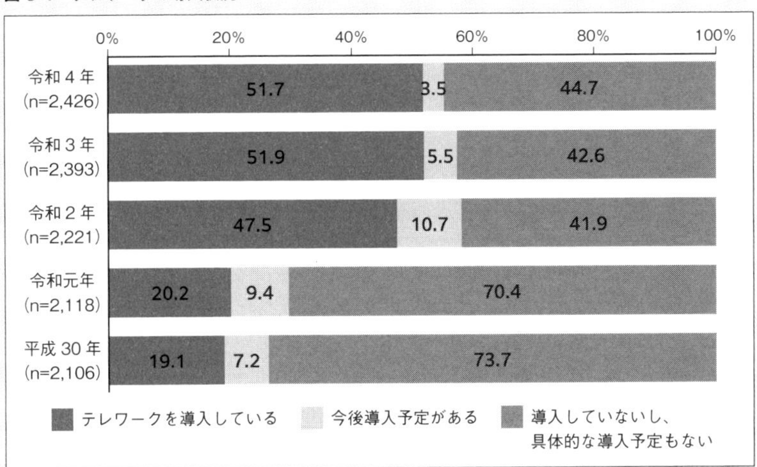

総務省の令和2年〜令和4年までの通信利用動向調査の結果
https://www.soumu.go.jp/johotsusintokei/statistics/data/230529_1.pdf
https://www.soumu.go.jp/johotsusintokei/statistics/data/220527_1.pdf
https://www.soumu.go.jp/main_content/000756017.pdf
をもとに作成

総務省は、産業別テレワークの導入状況についても調査しています。それについてクイズです。

クイズ　テレワークの導入状況

2022年8月時点の産業別テレワーク導入率について、上位から3産業、下位から3産業を考えてみましょう。産業は以下の8つに分かれています。

建設業	製造業	運輸・郵便業	卸売・小売業
金融・保険業	不動産業	情報通信業	サービス業・その他

①上位3産業は、どれでしょうか？　該当するものを1つ選びましょう。

a) 情報通信業　　金融・保険業　　不動産業
b) 建設業　　卸売・小売業　　不動産業
c) 運輸・郵便業　　金融・保険業　　サービス業・その他

②下位3産業は、どれでしょうか？　該当するものを1つ選びましょう。

a) 製造業　　金融・保険業　　不動産業
b) 運輸・郵便業　　卸売・小売業　　サービス業・その他
c) 建設業　　製造業　　不動産業

解答▶① a)、② b)

産業別テレワークの導入状況を紹介します。一番導入比率が高いのは、「情報通信業」ですね。筆者が所属している企業も、「情報通信業」です。この書籍の執筆も、ほとんどテレワークで行っています。2番目に比率が高いのは、金融・保険業です。銀行は窓口業務のイメージがありますが、保険業はもともとテレワークが多いですよね。3番目に比率が高いのは不動産業です。個人のお客さまに対応する産業、例えば運輸・郵便業、サービス業・その他、卸売・小売業は比率が低いですね。

図 6-2 業種別のテレワークの導入状況

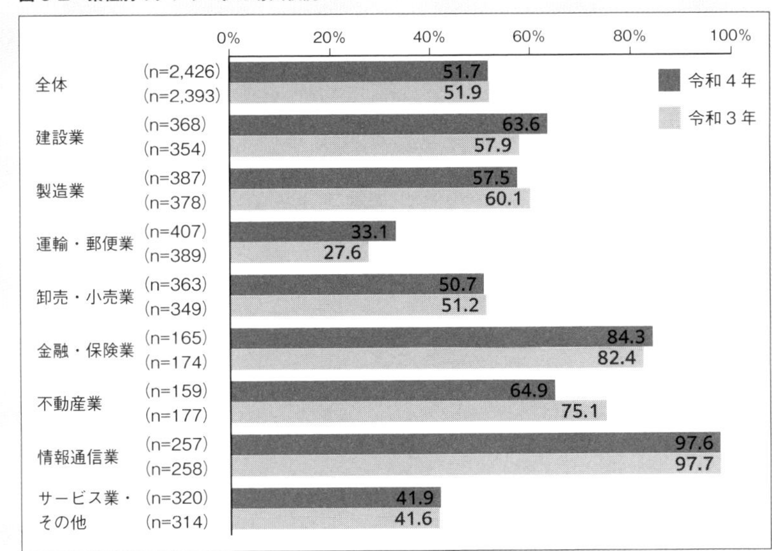

総務省 令和４年通信利用動向調査の結果
https://www.soumu.go.jp/johotsusintokei/statistics/data/230529_1.pdf
より作成

もう1つデータを見てみましょう。テレワーク導入の目的です。みなさんの所属する企業は、何を目的にテレワークを導入したのでしょうか。圧倒的に多いのは「新型コロナウイルス感染症への対応（感染防止や事業継続）のため」ですね。地震や台風、大雪で事業が止まってしまった企業は、「非常時の事業継続に備えて」を選択されているでしょう。それから、「勤務者の移動時間の短縮・混雑回避」「勤務者のワークライフバランスの向上」「業務の効率性（生産性）の向上」といった目的も企業の約3割が回答しています。新型コロナウイルス感染症のまん延は、クラウド活用を加速させました。テレワークの推進を含む働き方改革、そしてDX（デジタルトランスフォーメーション）も推し進められました。クラウド活用が先か、働き方改革が先か、DXが先か、もはやわからなくなってしまいましたが、とにかく、そのような改革もテレワークの導入が進んだ理由となっています。新型コロナウイルス感染症への対応のためのテレワーク導入は、多くの企業において急ピッチで進められました。その結果、十分なセキュリティ対策が行われていない利便性を優先したテレワーク環境が多く存在する結果となってしまいました。その環境が現在も存在し続け、多くのサイバー攻撃のターゲットになってしまっています。

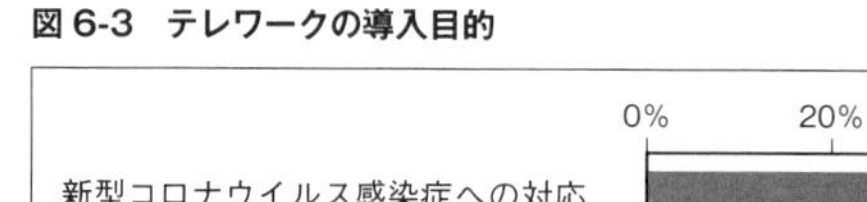

図 6-3　テレワークの導入目的

総務省 令和４年通信利用動向調査の結果
https://www.soumu.go.jp/johotsusintokei/statistics/data/230529_1.pdf
をもとに作成

それでは、十分なセキュリティ対策が行われていないテレワーク環境とはどういった環境なのか、そのリスクについて見ていきましょう。

6.2　テレワーク時の情報漏えいリスク

みなさん、テレワークを行うとしたらどこで行うでしょうか。自宅、カフェ、サテライトオフィス、乗り物、お金に余裕のある方はホテルなどで行うケースもあるでしょう。それぞれの環境にどのようなセキュリティリスクがあるのか、イメージしやすいように、自宅で行う場合とカフェやサテライトオフィスで行う場合に分けて考えていきましょう。その後に、テレワークの要であるオンライン会議についても考えてみましょう。

自宅でのテレワークの課題

自宅でのテレワークは、「通勤時間が無駄にならない」、「家庭の用事にフレキシブルに対応できる」、「1人で仕事ができるので集中できる」など、メリットが多いと思います。一方、「会社のメンバーとコミュニケーションが取りにくい」、「会社の備品や設備が使えない」、「家族がいるので集中できない」などみなさんにとってのデメリットや、「勤務状況がわからない」、「セキュリティリスクがある」など、会社にとってのデメリットもあります。このデメリットを解消して、心地よいテレワークを実現したいものです。

従業員側の課題　コミュニケーション・備品・環境

「会社のメンバーとコミュニケーションが取りにくい」ことについては、いくつか解消方法が考えられます。1つは、「週1回出勤」など定期的に会うタイミングをルールとしてしまうことです。新型コロナウイルスがインフルエンザと同じ第5類感染症として取り扱われるようになったあと、こうしたルールは、比較的多くの企業で採用されるようになってきました。ほかには、インターネットを利用したコミュニケーションツールの活用もあります。Microsoft Teams、Zoom、Webex by Cisco、Chatworkなどがあり、すべてビデオ・音声通話、チャット機能を備えています。コミュニケーションを目的とした場合、ビデオ通話機能を用いてオンライン会議を行うのがよいですね。会議は、例えば月1回の開催とし、1カ月間の仕事およびプライベートの出来事など今後の予定も交えて近況報告をすると話が盛り上がったりします。顔を出して行えば相手の表情も見え、コミュニケーションがより活性化されるでしょう。チャット機能は資料や写真を共有するために補助的に活用しましょう。ただし、社内であってもオンライン会議にはプライバシーに関して注意すべきことがあります。これについては、本章後半の「オンライン会議の注意点」を参照してください。

「会社の備品や設備が使えない」ことについては、仕事のスタイルを変えることで解消できます。ペンや紙を使用せず、PC上でのメモ、レコーディング（録音・録画）、文字起こし（トランススクリプト）などの活用に慣れましょう。PC上でメモする際は、メモ帳やメール本文などを活用しましょう。会社によってはタブレットやタッチペンが支給されているケースもあるかもしれません。レコーディングや文字起こしは、ツールによって機能があるものとないものがあります。有名なMicrosoft TeamsやZoomは、これらの機能を搭載していますので活用しましょう。また、会社でノートPCの補助としてモニターを接続して利用している人もいると思います。テレワーク用に会社がモニターを貸し出している場合もありますので積極的に活用してみてください。

「家族がいるので集中できない」というのは、自宅での解決は難しいですね。気分転換も兼ねてカフェやサテライトオフィスなどを利用することをお勧めします。サテライトオフィス（東急株式会社のNewWorkなど、フリースペースや会議室、テレワークブースが設置されている施設）については、会社が有料の施設を契約している場合があります。ほかにも、駅や大型ビルのロビーなどにも1人用の有料のテレワークブースが設置されており、個人でも会員登録して簡単に利用できます。特に出張先などでオンライン会議を行う場合は周りの人に聞かれると情報漏えいにつながります。そのような場合は、サテライトオフィス内外にかかわらずテレワークブースを利用しましょう。

会社側の課題　勤務状況の管理とセキュリティ

さて、みなさんにとってのデメリットは、どうにか解消されそうだということで、ここからは会社としてのデメリット、「勤務状況がわからない」、「セキュリティリスクがある」について考えていきましょう。

「勤務状況がわからない」というのは、さぼりたい人にとってはメリットです。ただ、会社にとっては問題ですので、勤務状況を把握するためにみなさんのPCの操作ログを取得している場合もあります。ログを分析すれば、“何か不正な行動をしているのではないか”、“しばらく操作していないのでさぼっているのではないか”といったようなことがわかります。操作ログを取得していないにしても、報告の少なさや、電話やチャット時にすぐに反応しないなどで感付く上司もいます。そして、仕事にかかっている時間とみなさんの能力に対して成果物が少なければ（質が低ければ）、生産性が悪い人だということで評価が下がってしまいます。みなさんにできることとしては、作業完了ごとの上司への報告やスケジューラーへの作業登録などこまめな連絡や可視化が効果的かもしれません。いわゆる報・連・相（報告・連絡・相談）です。どちらにせよ、さぼっていることは、いずればれます。みなさんが不幸にならないよう、意識して行動しましょう。

次に「セキュリティリスクがある」という問題についてです。これについては、みなさんと会社側が協力して推進していく必要があります。セキュリティ問題が起きると、みなさんの処罰につながる場合もありますし、会社の経営に影響を与える場合もあります。それでは、自宅でテレワークを行う場合、どのようなセキュリティリスクがあるか対策も含めて見ていきましょう。

家族を経由した情報漏えい

自宅で鍵のかかる書斎で仕事をしている人は稀でしょう。おおよそ、家族が出入りできる部屋、もしくは、家族と共同利用しているリビングなどで仕事をしているでしょう。ここでセキュリティリスクになるのが、家族の好奇心です。

仕事をしている途中でPCの画面を閉じずに席を離れた場合、画面上に新商品の情報やキャンペーンの情報などの家族が興味を持ちそうな未発表の情報が映っていたらどうなるでしょうか。悪気なく、X（旧Twitter）やInstagramなどのSNSでアップされたり、知人との会話で話題にされたりするリスクがあります。特にSNSは拡散力が強いため、細心の注意が必要です。

クイズ　自宅での情報漏えい対策

それでは、どうすれば上記のような家族を経由した情報漏えいのリスクを回避できますか？　該当するものを1つ選びましょう。

a）画面のロックを行う（パスワードをかける）
b）家族にPCを覗かないように伝える
c）新商品の情報やキャンペーンなど重要なファイルを閉じる

解答▶ a）

「画面のロックを行う」が正解ですが、毎回手動で行うとロックし忘れることがあるので、自動的にロックする設定にしておきましょう。第5章でも紹介しましたが、Windows10、11では、[設定] - [個人用設定] - [ロック画面] - [スクリーンセーバー設定] で、「再開時にログオン画面に戻る」をチェックしてください。

b）は、覗かないように伝えると、特に子どもは覗きたくなるものです。

c）は、重要なファイルを閉じてもPCの画面をロックしていなければ、開くことができます。

それから、書類を机の上に放置していた場合も同様です。書類は極力会社から持ち帰らないようにしましょう。持ち帰る場合は、簡単に覗かれないように、バッグや引き出しにしまっておきましょう。また、自宅やコンビニエンスストアのコピー機でコピーした場合、原本を置き忘れることがあります。自宅やコンビニエンスストアでのコピーはやめておきましょう。どうしても写しが必要な場合は会社で行うようにしてください。どこかに提出したり、誰かに渡したりする必要があれば、持ち歩くのではなく郵送するようにしましょう。社内用の記録目的であれば、会社で利用が許可されたスマートフォンなどで撮影しメールで会社用の自分のメールアドレスやチャットに送信するなどしましょう。送信後は念のためスマートフォンやカメラ内の写真は削除してくださいね。もう1つ、ここまでやる人は少ないと思いますが、たまにニュースになっていますので注意しておきます。書類を自宅のゴミ箱に捨てることはやめましょう。ごみ置き場でカラスに荒らされ書類が散乱し情報が漏えいすることがあります。書類はきちんと会社で破棄するようにしましょう。

 周辺デバイスを経由した情報漏えい

はじめに、みなさんの周辺デバイスの利用状況について確認してみましょう。以下のチェック項目を確認してみてください。

図6-4　会社のPCに関するチェックリスト

- □ ① 会社のPCに個人所有のUSBメモリーを挿している
- □ ② 会社のPCを自宅のプリンターにつないで印刷している
- □ ③ 会社のPCでインターネットショッピングやSNSなどの娯楽を利用している
- □ ④ 会社のPCで個人契約のフリーメールを利用している
- □ ⑤ 会社のPCで個人契約のiCloudやGoogle Driveなどのクラウドストレージを利用している

いくつチェックがつきましたか？　情報漏えいの観点で考えると、すべての項目にセキュリティリスクがあります。それぞれ解説していきましょう。

会社のPCでの個人所有デバイスの利用

個人所有のUSBメモリーなど周辺デバイスを会社のPCで利用することについてのセキュリティリスクを考えてみましょう。

クイズ　個人所有デバイス利用のリスク

会社のPCで個人所有のUSBメモリーを利用すると、どのようなセキュリティリスクがありますか？　2つ考えてみましょう。

解答

①USBメモリーの紛失・盗難のリスクや、USBメモリーからの情報漏えい・マルウェア感染リスクがあります。会社のPCから個人所有のUSBメモリーにファイルを持ち出し、そのUSBメモリーを紛失したり、盗難に遭ったりした場合どうなるでしょうか？　情報が漏えいしてしまいますよね。また、個人所有のPCに、そのUSBメモリーからファイルをコピーして仕事をすることも、情報漏えいにつながるケースがあります。個人所有のPCがマルウェアに感染していた場合、マルウェアによってPC内のファイルがインターネット上に漏えいする可能性があるのです。

②個人所有のUSBメモリーはマルウェアに感染している場合もあります。そのような場合、そのUSBメモリーを挿した会社のPCがマルウェアに感染するリスクもあります。

USBメモリーやUSB接続のハードディスク、SDカードなど、個人所有の周辺デバイスは、マルウェア感染や情報漏えいのリスクがあるので、会社から許可されていない限り、利用しないようにしましょう。また、スマートフォンやデジタルカメラなどを充電目的で会社のPCに接続することもやめておきましょう。スマートフォンなどは記憶領域を持っているため、USBメモリーやハードディスクとして認識される場合があります。USB接続に限らずBluetoothなどの通信接続の場合も同じです。

会社のPCから自宅のプリンターへの接続・印刷

会社のPCに自宅のプリンターを接続した場合、誤って会社の書類が印刷される場合があります。印刷物の置き忘れは情報漏えいのリスクがありますので、会社のPCへの自宅プリンターの接続はやめておきましょう。

会社のPCを自宅のWi-Fiルーターに接続

会社のPCを自宅のWi-Fiルーター（自宅のネットワーク）に接続してよいかどうかは、会社の規則に従いましょう。会社から貸与されたモバイルWi-Fiルーターにしか接続が許可されていない場合もあるかもしれません。自宅のWi-Fiルーターにはセキュリティの問題が生じるケースがあります。Wi-Fiルーターのファームウェア（Wi-Fiルーターの中に組み込まれているプログラム）にバグが存在すると、攻撃者によってWi-Fiルーターにマルウェアが仕込まれる可能性があるのです。Wi-Fiルーターのファームウェアの更新版がリリースされた場合には、取扱説明書を参考にアップデートしましょう。更新版のリリースはメーカーのWebサイトにお知らせとして掲載されるはずです。下記のようなお客さまサポートWebサイトに情報が掲載されています。

図6-5　脆弱性の確認とアップデート

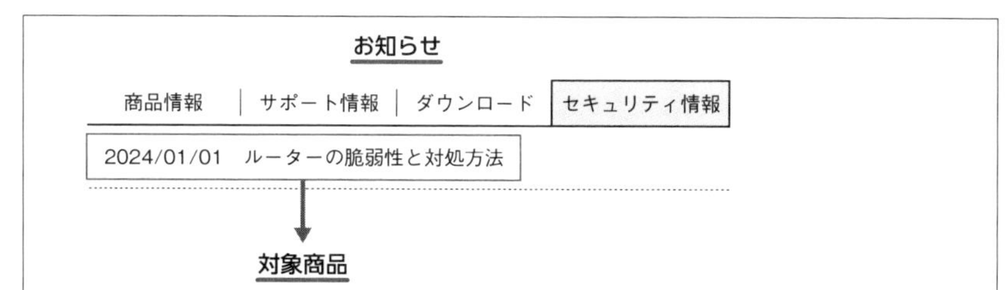

最近では、ファームウェアのアップデート自動化機能が備わっているルーターもあります。取扱説明書やWebを参考にアップデート自動化の設定を行いましょう（初期設定でアップデート自動化がONになっている場合もあります）。

インターネットを介した情報漏えい

図6-4の③～⑤の3つのケースでのインターネット利用に関しては、第4章で説明したとおり、情報漏えいやマルウェア感染のリスクがあります。必要に応じて、第4章の「個人で利用しているクラウドサービスやメールへの業務情報の持ち出し」「SNSへの業務情報アップロード」「不審なサイトへのアクセスによるマルウェア感染」を読み返してください。

会社のPCからのインターネットアクセスは、ほとんどの場合、会社で履歴を取得しています。そのため、会社のPCを私用で利用した場合、PCの使用履歴をチェックされると、働いてない時間が明らかになり、給与の返金や罰則の適用が行われる場合がありますので、気をつけましょう。

カフェやサテライトオフィスでテレワークを行う場合

カフェやサテライトオフィス、乗り物でのテレワークにも、注意すべきセキュリティリスクがいくつかあります。自宅でテレワークをする場合と似た注意事項もありますが、3つほど挙げてみます。

盗難　情報が盗まれる場合も

当然気をつけているとは思いますが、念のために取り上げておきます。カフェやサテライトオフィスなどでトイレに行く場合、財布は持ち歩くかもしれませんが、PCやバッグを置いていっていませんか？　安心な国、日本で育った私たちは、そのような行動をしがちです。PCやバッグを盗まれるだけでなく、盗まれないにしても、あなたを監視していた悪意のある者がUSBメモリーでPCから情報を抜き出したり、PCにマルウェアを送り込んだりすることも考えられます。海外のドラマのようですが、日本にも産業スパイや犯罪グループは存在するのです。トイレなど、席を外す際には、盗まれてもよいもので席を確保し、大事なものは持ちまわりましょう。サテライトオフィスの個別ブースには鍵をかけられるところもあるので、ぜひ活用してください。

覗き見の対策

カフェなどでのテレワークでは、覗き見も気になるでしょう。他人は人が何をしているのか気になるものです。新幹線などで横の人の視線を感じたことがある人もいるのではないでしょうか。

カフェやサテライトオフィスでは、通路に背を向けた席は極力選ばないようにしましょう。それから、横からの覗き見に備え、PCには覗き見防止フィルターを付けることをお勧めします。

危険な公衆Wi-Fi

カフェや駅などに設置されている公衆Wi-Fiへの会社のPCの接続可否は必ず会社規則を確認してください。禁止にしているところも多いと思います。暗号化されていないWi-Fiは多くのカフェに設置されているため、おおよその人がその存在を知っているでしょう。ほかにリスクの高い、偽のアクセスポイントも存在します。それでは、それらにどのような危険があるのか説明します。

暗号化されていないアクセスポイントに接続すると、通信の情報が丸見えになっ

てしまいます。インターネットに詳しい人は、Wi-Fiに流れている情報を読むことができるのです。

例えば、みなさんがカフェに設置されている、暗号化されていないWi-Fiを使って家族とメッセージのやり取りをしていたとします。その際に、個人情報や金銭情報など重要な情報をやり取りしていたらどうなるでしょうか。暗号化されていないメッセージから、重要な情報が丸見えになってしまいます。

暗号化されたWi-Fiの場合は、覗き見ることはできません。

図6-6　Wi-Fiの暗号化

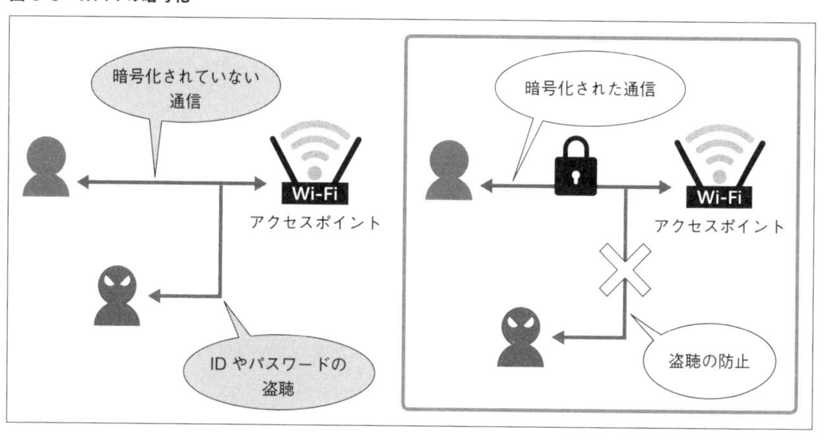

ちなみに、暗号化されていないWi-Fiと暗号化されているWi-Fiはアクセスポイントの表示が異なります。

図6-7　アクセスポイントの表示

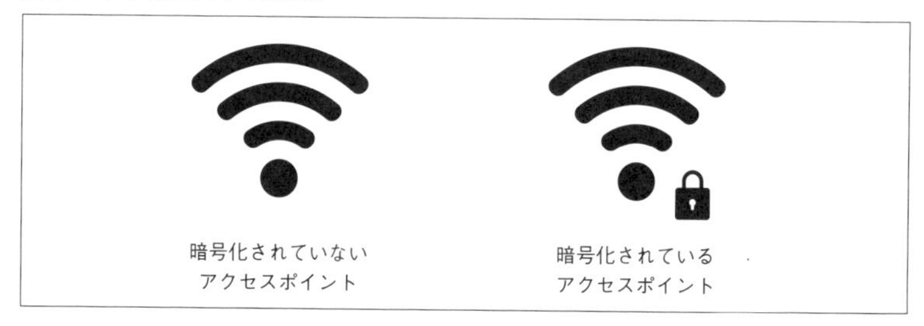

続いて、もう1つのリスク、偽のアクセスポイントについて紹介します。これは、何のために存在するのでしょうか。偽のアクセスポイントに接続させ、通信の情報を盗んだり、マルウェアに感染させたりすることが考えられます。ホテルのWi-Fiに接続したところ、マルウェア「Darkhotel」に感染させられた例はセキュリティ業界の中では有名です。ホテルのWi-Fiは暗号化されたWi-Fiでパスワードが設けられていることがほとんどで、一見安全そうに見えますが、実は危険な偽のアクセスポイントであることも考えられるのです。特に海外では気をつけましょう。

6.3 オンライン会議の注意点

テレワークが導入され始めたころ、各所でぎこちないオンライン会議が始まりました。接続できない、マイクやカメラが使えない、画面共有できないなど操作方法がわからず、会議を始めるにも時間がかかっていました。今ではどうでしょうか。みなさんも、Microsoft TeamsにもZoomにも慣れてきたでしょう。

さて、この慣れてきたオンライン会議でヒヤッとしたことはないでしょうか。見られたくない背景、聞かれたくない音声、意図したものとは違う画面の共有、チャットの誤送信です。それぞれについて状況を振り返ってみましょう。

見られたくない背景

オンライン会議初心者であったころ、背景の設定方法を難しく感じた人も多いのではないでしょうか。今となっては、みなさん、背景を設定していることと思います。もしかしたら、いまだに設定していない人もいるかもしれません。背景を設定していたはずなのに、オンライン会議ツールのアップデートによって設定していた背景が削除されてしまうこともあります。そのようなとき、何が困るでしょうか。

自宅の場合、見られてはいけない背景が映ることもあります。部屋の中の様子や個人の趣味嗜好、参考にしている書籍などがあらわになります。また、家族が通りすぎると顔情報が漏れてしまいます。会社の場合はもう少し深刻で、職場の状況や壁に貼られている情報などが漏れてしまいます。背景の設定が心配な場合は、前もって社内の人と接続テストをしてみる、オンライン会議に入室してもカメラをONにする前に背景の設定を確認する、映ってもよいところでオンライン会議を行うなど気をつけましょう。

聞かれたくない音声

マイクのON／OFFがクリック1つでできてしまい、意図しない設定になっていることに気付きにくいところが問題となります。会議開始前や休憩中、オンラインのままマイクをOFFにし忘れ、ほかの人には関係なかったり、聞かれたくないような内容を話したりしていたという経験がある人もいるのではないでしょうか。よくある光景としては、別の人との業務電話の内容やプライベートの情報です。プライベートと言えば、このような出来事がありました。

スマートフォンでオンライン会議に出席していた人が、会議中にどうしてもトイレに行きたくなり、マイクも画面もOFFにし忘れたまま、トイレの個室に入ってしまったことがありました。スマートフォンを置く場所がなかったようで、トイレの床に表向きに置いてしまい、音だけでなく様子も丸見えです。こちらが赤面してしまうような状況でした。

みなさんも過去、同じような状況に陥っていた可能性もあります。改めて、マイクのOFFについて気をつけましょう。

それから、みなさんに特に注意してほしいのが、会議終了後です。終了後のシチュエーションを2つ挙げてみます。

- お客さまとのオンライン会議が終了後、社員だけ残って、会議の感想や次の作戦を話し合うことがないでしょうか。そんなとき、お客さまが退出し忘れて残っている場合があります。お客さまとの会議はその場で終了し、社員同士での会議は別の場を設けるようにしましょう。
- 自分たちは会社の会議室に集まって、お客さまとオンライン会議を行うこともあるでしょう。その会議終了後、感想や次の作戦を話し合うことがありますが、社員のうち誰かがマイクOFFや退出できていなかったり、お客さまが退出を忘れていたりすることもあります。会議からは退出したことを全員で確認した後、次のステップへ進みましょう。

会議終了後は一息つく瞬間であり、気が緩みがちですが、マイクのOFFや退出をクリックするまでが重要な時間であることを改めて認識しておきましょう。また、オンライン会議は録音やトランスクリプトの機能があります。そこに記録されてしまっては、取り返しがつきません。そのことも忘れないでおきましょう。

見られたくない画面の共有

オンライン会議を行う場合、ファイルもしくはデスクトップ画面を共有することは多々ありますが、このようなときも注意が必要です。オンライン会議は相手側でスクリーンショットの取得や録画・録音ができてしまいます。下記2点、気をつけてください。

- 共有する際に選択するファイル・画面を間違えないようにしましょう。
- デスクトップ画面を共有しているとき、癖で会話をしながら意味もなく画面を切り替えてしまいがちです。ほかにもファイルを開いている場合やデスクトップ、フォルダなど、営業機密が映る場合があります。会議を行う前に、関係のないファイルやフォルダは閉じるようにしましょう。

チャットの誤送信

続いて誤送信の話です。メールの場合はこれまで長い間使われてきていることもあり、第3章で説明したように誤送信対策の仕組みが設けられていることが多くなっています。しかし、オンライン会議ツールやチャットツールには、そのような仕組みがありません。チャットは、送信先を間違える場合もあれば、グループに誰が入っているかを確認せず、悪口を送信してしまったりすることもあります。気軽に使えるツールですが、その分リラックスして使ってしまうため、誤送信のリスクも高くなってしまいます。あて先に問題はないか、グループチャットの参加メンバーは誰か、送信内容に問題はないかなど、メール誤送信だけでなく、チャット誤送信にも気をつけましょう。

クイズ　テレワーク中の情報漏えい

自宅でのテレワークについて、正しい行動はどれですか？　該当するものを1つ選びましょう。

a) 仕事でストレスを溜め込むことはよくないので、家族に顧客に対する愚痴をこぼした
b) 会社から自宅に持ち帰った書類が不要になったため、会社に持っていき廃棄した
c) 個人所有のUSBメモリーは暗号化機能やパスワードロック機能がついており安全であるため、仕事で利用した

解答▶ b)

a) は愚痴であっても顧客情報を安易に漏らしてはいけません。c) は暗号化機能やパスワードロック機能がついていたとしても、個人所有のUSBメモリーは自宅のPCなどでも利用する可能性がありマルウェア感染のリスクがあります。b) が正解ですが、書類を自宅に持ち帰ることは極力避けましょう。やむを得ない場合、面倒でも会社で定められた方法で廃棄しましょう。自宅で廃棄して情報漏えいが起きた場合、みなさんの責任になります。

クイズ　デバイス接続のリスク

次の周辺デバイスのうち、会社のPCに接続すると情報漏えいもしくはマルウェア感染のリスクがある個人所有のデバイスはどれですか？　該当するものを1つ選びましょう。

a) USB接続ミニ扇風機
b) USB接続SSD
c) USB接続マイク

解答▶ b)

ミニ扇風機やマイクは通常、記憶領域を持っていないため、情報の持ち出しやマルウェア感染リスクは発生しません。SSDはハードディスクに代わる次世代の記憶装置です。最近のPCではハードディスクよりSSDが主流です。

クイズ　暗号化されたアクセスポイント

次のWi-Fiアクセスポイントのうち、暗号化されていないアクセスポイントを示すアイコンはどれですか？　該当するものを一つ選びましょう。

b)

c)

解答▶ c)

暗号化されているアクセスポイントの場合は、南京錠のマークが付きます。暗号化されていないアクセスポイントには何も付きません。アクセスポイントに異常があったり非公開だったりするとエクスクラメーションマークが付きます。

セキュリティの知識を身に付けることの必要性

昨今、SDGsが叫ばれています。17個のめざすべき目標があるわけですが、その中に「8.働きがいも経済成長も」「9.産業と技術革新の基盤をつくろう」があります。ここまで説明してきたセキュリティは、この基盤にあたります。この基盤があってこそ、経済は成長し持続することができるわけです。
また、「3.すべての人に健康と福祉を」という目標もありますが、医療システムの提供やインターネットを利用した医療機関の連携、ドローンによる救急搬送、遠隔地への薬の配達など、医療分野におけるさまざまなシーンでもセキュリティは欠かせない要素です。
「6.安全な水とトイレを世界中に」や「7.エネルギーをみんなにそしてクリーンに」といった目標のベースには、水の浄化・供給システム、下水処理システム、エネルギーの生成・配送・後処理システムなど、多くの重要インフラシステムが必要です。ここにセキュリティがなければ、どうなるでしょう。サイバー攻撃による妨害が起きてしまうかもしれませんね。実際にあった話ですが、オーストラリアで、正社員への採用を却下されたことを恨んだ人が、汚水処理管理システムにサイバー攻撃を行いました。攻撃により下水処理システムを誤動作させた結果、公園や河川へ汚水が広がり、悪臭を放ったそうです。

出典

内閣サイバーセキュリティセンター
平成22年度「サイバー攻撃動向等の環境変化を踏まえた重要インフラのシステムの堅ろう化に関する調査」報告書
https://www.nisc.go.jp/pdf/policy/inquiry/ken_honbun.pdf

6

このように、さまざまな産業や重要インフラにてセキュリティの知識と対策は必要です。現在の世の中はデジタル技術で成り立っており、今後もその流れは加速するでしょう。みなさんもすでにデジタル技術に携わっていると思いますが、仕事や生活を続けるにあたって、セキュリティの知識は欠かせないものになってきます。ぜひ、今のうちに身に付けていただき、持続可能な人生を送っていただきたいと思っています。

おわりに

本書籍は、2024年に執筆しました。私たち執筆者は、その時点で、㈱日立ソリューションズのセキュリティ事業部門に所属しており、さまざまなお客さまのセキュリティに関する相談事を受け、お客さまの状況に応じて、どのようなセキュリティ対策をすればよいのかを提示する業務を行っていました。また、これまで、小学生に向けたセキュリティに関する教材の提供や授業、大学でのセキュリティに関する講義の実施、公共の組織や民間企業に向けたセキュリティ関連の講習会の実施、不特定多数の方々に向けたセミナーの実施、各種セキュリティ団体におけるセキュリティ啓発活動など、さまざまな取り組みを行ってきました。そこで得た知見を、この書籍を通じて、組織の従業員であるみなさんや学生のみなさん、セキュリティに不安を覚える一般の方々にフィードバックさせていただきたい思いで執筆いたしました。ぜひ、多くの方々に読んでいただき、可能な限り多くの方々のセキュリティリテラシー向上につながることを願っています。

索引

英字

ア行

カ行

サ行

タ行

ナ行

ハ行

マ行

ラ行

装丁●嶋 健夫（トップスタジオデザイン室）
本文デザイン／DTP●株式会社トップスタジオ

今さら聞けないIT・セキュリティ必須知識
クイズでわかるトラブル事例

2024年 5月15日 初版 第1刷発行

著　者　扇 健一、辻 敦司
発行者　片岡 巌
発行所　株式会社技術評論社
　　　　東京都新宿区市谷左内町21-13
　　　　電話　03-3513-6150　販売促進部
　　　　　　　03-3513-6166　書籍編集部
印刷／製本　昭和情報プロセス株式会社

定価はカバーに表示してあります。

ISBN978-4-297-14163-9 C3055
Printed in Japan

本書へのご意見、ご感想は、技術評論社ホームページ（https://gihyo.jp/）または以下の宛先へ、書面にてお受けしております。電話でのお問い合わせにはお答えいたしかねますので、あらかじめご了承ください。

〒162-0846
東京都新宿区市谷左内町21-13
株式会社技術評論社　書籍編集部
『今さら聞けないIT・セキュリティ必須知識』係
FAX：03-3513-6183
『今さら聞けないIT・セキュリティ必須知識』
ウェブページ
https://gihyo.jp/book/2024/978-4-297-14163-9